高 等 学 校 规 划 教 材

电子技术基础实验

温长泽　主编　　张精慧　李　钰　副主编

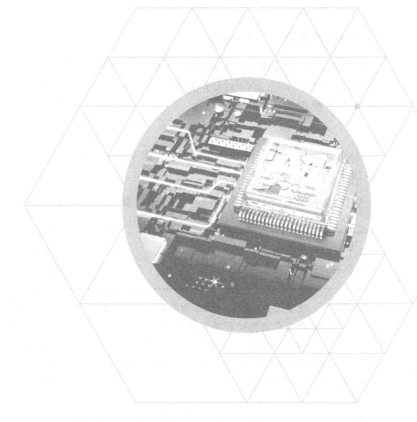

化学工业出版社

·北京·

内容简介

本书是根据电子技术的发展趋势和电子信息类、电气类、自动化类等相关专业对电子技术实验的具体要求，结合多年来的实践教学工作，并针对学生工程实践能力和创新能力的培养而编写的一本实践性较强的教材。

全书共六章，以电子技术实验为主，全面介绍了电子技术实验知识、模拟电子技术实验、数字电子技术实验、模拟电子技术实验基础知识、数字电子技术实验基础知识、噪声及抑制等内容，最后附有元器件参数介绍和常用数字集成电路等内容。

本书适合作为高等学校电子信息类、电气类、自动化类等相关专业的电子技术实验教材，也可供从事电子技术的工程技术人员参考。

图书在版编目（CIP）数据

电子技术基础实验/温长泽主编. —北京：化学
工业出版社，2021.2（2024.1重印）
高等学校规划教材
ISBN 978-7-122-38473-7

Ⅰ.①电⋯　Ⅱ.①温⋯　Ⅲ.①电子技术-实验-高等
学校-教材　Ⅳ.①TN-33

中国版本图书馆 CIP 数据核字（2021）第 022641 号

责任编辑：郝英华　满悦芝　　　　　　文字编辑：林　丹　蔡晓雅
责任校对：边　涛　　　　　　　　　　装帧设计：张　辉

出版发行：化学工业出版社（北京市东城区青年湖南街 13 号　邮政编码 100011）
印　　装：北京印刷集团有限责任公司
787mm×1092mm　1/16　印张 10½　字数 270 千字　2024 年 1 月北京第 1 版第 4 次印刷

购书咨询：010-64518888　　　　　　售后服务：010-64518899
网　　址：http://www.cip.com.cn
凡购买本书，如有缺损质量问题，本社销售中心负责调换。

定　　价：38.00 元

前　言

为满足应用型本科人才的培养要求，加强实践教学和培养学生的创新能力，提高学生的工程应用能力，结合多年对学生电子技术实验的指导经验，笔者编写了《电子技术基础实验》一书。

"电子技术"是一门实践性很强的课程，除了要做好理论讲授这一教学环节之外，还必须重视实践教学环节，使理论教学密切联系实际，在实践中着重培养学生的实际操作能力、独立分析问题和解决问题的能力。

探索应用型本科的培养模式，从毕业要求和培养目标出发，结合本课程的基本要求，以能力培养为主线组织教材内容，在验证基本理论的基础上，力求做到以应用为目的，重点放在基本技能的训练上。对于每个实验，在介绍实验原理和参考电路的基础上，要求学生自己动手搭接电路，正确使用电子仪器，调整和测试实验电路的技术指标，培养学生分析问题和解决问题的能力。

正确使用常用电子仪器是本课程的基本要求之一，因此，本书把常用电子仪器的使用贯穿于每个实验内容之中，并有计划、有目的地培养学生的实践技能。

在内容的编排上，力求深入浅出、从易到难，既不与理论教学的内容相重复，又注意理论与实践相结合。在层次上，除了基础性验证性实验外，还编入了部分设计性实验和综合性实验。

主要内容包括：实验技术基础知识、模拟电子技术实验和数字电子技术实验。其中模拟实验 20 个，数字实验 14 个。有些内容稍稍超出了课堂讲授内容和教学基本要求（如设计性实验），目的在于培养学生的学习兴趣，提高学生的应用能力，在使用本书时，各专业可根据教学大纲要求和实验学时进行选择。

本书共六章，由温长泽主编，张精慧、李钰副主编。具体分工：第一、二、三章由温长泽编写，其中第二章的实验一、实验二、实验十七和附录由王俊颖编写，第四章由李钰编写，第五章由张精慧编写，第六章由刘洋编写，全书由温长泽负责统稿。

本书在编写过程中，得到了校院领导和电工电子基础教学部教师的大力支持。书稿承郑文教授在百忙之中认真审阅，并提出了许多宝贵的修改意见。笔者在此表示衷心的感谢。

由于笔者的水平有限，书中的错漏和不妥之处恳请读者批评指正。

编者
2021 年 1 月

目 录

第一章　电子技术实验概述

第一节　电子技术实验的基本特点

实验是科学研究的基本方法，是促进科学技术发展的重要手段。在实际工作中，电子工程技术人员通过实验来分析电路的工作原理，完成元器件和电路性能指标的检测，验证电路的功能，设计并组装各种实用电路。

一、电子技术实验含义

电子技术实验通过实验手段，使学生获得电子技术实验的基本知识和基本技能，并使学生能运用所学理论来分析和解决实际问题，提高实际工作的能力。熟练掌握电子实验技术，无论是对从事电子技术领域工作的工程技术人员，还是对正在进行本课程学习的学生来说，都是至关重要的。

二、电子技术实验要求

（1）熟悉常用电子元器件的分类、性能、主要参数及正确使用方法，具有查阅电子元器件手册和正确选用电子元器件的能力。

（2）掌握阅读基本电子电路原理图的一般规律，具有分析电路元器件作用和电路功能的能力。

（3）了解常用电子测试仪器的基本工作原理，具有正确使用常用电子测试仪器的能力。

（4）初步掌握基本电子电路的设计、组装和调试方法，具有分析和排除电子电路一般故障的能力。

（5）学会分析和处理实验数据，具有独立撰写实验报告的能力。

三、电子技术实验过程

电子技术实验的内容广泛，每个实验的目的、步骤也有所不同，但基本过程却是类似的。为了达到每个实验的预期效果，要求参加实验者做到：实验前认真预习，实验中遵守实验操作规则，实验结束后认真总结。

1. 实验前要认真预习，写出预习报告

为了避免盲目性，使实验过程有条不紊地进行，在每个实验前都要仔细阅读实验指导书，复习理论教材中有关章节的内容，理解实验原理，明确实验目的和要求，对实验步骤做到心中有数。在充分预习的基础上，写出实验预习报告，预习报告的内容包括：

（1）实验题目、目的、要求和实验原理图。

（2）实验的基本原理、实验步骤和有关注意事项。

（3）实验元器件、仪器设备的型号名称和规格。

（4）与实验有关的计算公式及预期结果，有关的数据记录表格。

（5）回答有关的思考题。

2.认真上好实验课，遵守实验操作规则

上好实验课并严格遵守实验操作规则是提高实验效率、保证实验质量的重要前提。因此实验者必须做到以下几点：

（1）上实验课时首先要认真听老师的讲解，明确实验中的有关问题。

（2）在进入指定实验位置后，首先要检查220V交流电源和有关开关的位置，检查实验所需的元器件、仪器和测试线等是否齐全和符合要求。

（3）实验电路的组装和仪器连线，必须按实验指导书的要求连接，一般不要随意变动。

（4）在进行实验电路的调整测试前，必须首先调整好直流电源，使其极性和电压大小符合实验要求，才能接入实验电路。

（5）实验过程要按拟定的步骤进行，实验过程中如遇到问题，要先根据现象分析原因，然后找出解决问题的正确方法。

（6）实验过程中应及时分析所测数据和观察到的各种波形是否合理，如有问题应及时找出原因。一般可从电路连线、实验方法、测量仪器的使用和连线（特别是接地线）、数据读出的方法和准确性，以及各种外界干扰等方面寻找原因。

（7）实验结束后应首先切断电源，实验结果经指导教师审阅同意后再拆除实验电路，整理好仪器设备，清理好实验现场，填好实验记录。

3.认真撰写实验报告

实验完成后，认真撰写实验报告。

第二节　电子技术实验的安全操作

电子技术实验安全包括人身安全、仪器设备安全和实验室安全。实验者必须具有一定的安全常识，遵守实验安全规则，才能避免发生人身伤害事故、防止损坏仪器设备，才能保证仪器设备完好率和实验开出率，增加实验室使用寿命。

一、人身安全

为保障实验者的人身安全，实验者必须遵守以下安全规则。

（1）实验前应清楚电源开关、熔断器、插座的位置，了解其正确操作方法，并检查其是否安全可靠。

（2）检查仪器设备的电源线、实验电路中有强电通过的连接线等有无良好的绝缘外套，其芯线不得裸露。

（3）实验过程中一定要养成实验前先接实验电路后接通电源，实验完毕后先切断电源后拆实验电路的操作习惯。

（4）实验时万一发生触电事故或其他异常现象，不要惊慌失措，应立即切断电源。如距电源开关较远时，可使用绝缘器将电源切断，使触电者立即脱离电源，并保护现场，报告指导教师检查事故原因。

二、仪器设备安全

为防止在实验时损坏仪器设备和实验装置，实验时应遵守以下安全规则：

（1）在使用仪器设备前，应先了解其性能和操作方法，按操作程序正确使用，切不可不懂装懂，盲目操作。

（2）要树立爱护公物的良好习惯，实验中不得随意旋转仪器面板上的旋钮和开关，需要使用时也不要用力过猛地扳动或旋转，不得乱动与本次实验无关的仪器设备。

（3）实验时注意力要集中，随时观察仪器及实验电路的工作情况，如发现异常现象，应立即切断电源，待查明原因并排除故障后，方可重新通电。

（4）仪器设备使用完毕后，应关掉电源开关，同时将面板上各旋钮、开关置于合适的位置。

三、实验室安全

为保证实验室的正常使用，使用实验室时应遵守以下安全规则：

（1）对初次进入实验室的学生，必须先对其进行安全教育，在熟悉仪器设备安全操作规程后，方可动手操作。

（2）保持实验室安静、整洁，禁止大声喧哗、打闹，禁止在实验室吃东西。

（3）进入实验室后，按指定位置就座，未经老师允许不得私自调换座位。

（4）实验时如发现仪器设备有问题，请找老师进行调换，不要随意搬动仪器设备。

（5）实验结束后整理好仪器设备、摆齐桌椅、打扫卫生、关好门窗。

（6）实验室要按要求配备防火、防盗设施，灭火器要定期检查，保证完好。

（7）实验老师每天离开实验室前，要认真检查门窗和水电，一切无误后方可离开实验室。

第三节　实验数据的处理

在电子技术实验中，直接从仪器、仪表中读取并记录下来的各种电参数（或波形）称为实验的原始数据。原始数据对实验者来说是很重要的，在读取原始数据时，应做到方法正确、读数准确，而且在实验结束后，所保留的原始数据不得随意更改。但是，原始数据一般要经过分析、计算、综合处理后，才能真实反映测量结果。

下面讨论有效数字的处理和测量数据的图解处理。

一、有效数字的处理

1.有效数字的概念

如前所述，由于测量时总存在误差，因此测量数据都是近似的。如何用近似值恰当地表示出测量结果，是讨论有效数字的主要目的。

所谓有效数字是指一个数据从左边第一个非零的数字开始，至右边最后一个数字为止的所有数字。例如，测量记录的某一电压值为 0.0263V，有效数字由 2、6、3 组成。这 3 位有效数字都是表达上述被测电压必不可少的，其中前两位 2、6 是准确读出的，称为准确数字，而最后一位 3 通常是在测量时估计出来的，称为欠准数字。

有效数字不能因采用的单位变化而增减，例如上述所说的 0.0263V，若用毫伏为单位，就可以写成 26.3mV，有效数字仍为 3 位。又如，测得某一信号的频率为 0.0246MHz，若用千赫表示，可以写成 24.6kHz，它们都是 3 位有效数字，其中 2、4 是准确数字，6 是欠准数字。但不能将 0.0246MHz 写成 24600Hz，因为后者的有效数字变成了 5 位，而最右边的零为欠准数字，可见两者的含义完全不同。

当测量误差已知时，测量结果的有效数字位数应与误差的位数相一致。例如，测量某电压的结果为 5.481V，若已知测量误差为 0.05V，则该电压值应改写为 5.48V。

2. 有效数字的舍入规则

在做测量记录时，每个数据都只应当保留一位欠准数字，即最后一位数字前的各位数字都必须是准确的，而对于多余的数字，一般应采取"四舍五入"的原则进行删除，具体的舍入规则如下：

（1）舍入时应从最后一个数字位开始，逐个向前进行；

（2）大于"5"时，舍去后向高位进"1"；小于"5"时，舍去后不进位；

（3）恰好等于"5"时，如"5"后有数，则舍5进1。如"5"后无数字或为"0"，则要看"5"之前是奇数还是偶数来决定是否进位，奇数则舍"5"进"1"，偶数则舍"5"不进位。

例如：将下列数值保留 4 位有效数字。

$$6.248502 \longrightarrow 6.249$$
$$3.53839 \longrightarrow 3.538$$
$$6.72350 \longrightarrow 6.724$$
$$6.72450 \longrightarrow 6.724$$

3. 有效数字的运算规则

当测量结果需要进行中间运算时，有效数字的舍入取决于运算各项中精确度最差的那一项。

（1）当几个近似值进行加、减运算时，各个数值必须是相同单位的同一物理量。小数点后面位数最少的数据精度最差，因此应将各数据小数点后保留的位数处理成与精度最差的数据相同，再进行运算。

例如，$1.369 + 17.2 + 8.64$，由于 17.2 精度最差，小数点后只有一位数字，因此要将另外两个数据进行处理后再进行运算，即：

$$1.4 + 17.2 + 8.6 = 27.2$$

（2）在进行乘、除运算时，以有效数字位数最少的那个数为准，其余各数及积（或商）的有效数字也保留相同的位数。例如，$0.374 \times 8.513 \times 35.164$，其中有效数字位数最少的一项是 0.374，其有效数字为 3 位。因此其他两项的有效数字位数均应舍入到 3 位，即：

$$0.374 \times 8.51 \times 35.2 = 112.032 \approx 112$$

（3）在乘方、开方运算中，运算结果应比原数据多保留一位有效数字。例如：

$$43.7^2 = 1909.69 \approx 1909; \quad \sqrt{85.7} \approx 9.257$$

（4）在对数运算中，应使对数运算前后的有效数字位数相同。例如：

$$\ln 516 \approx 6.25; \quad \lg 2.46 \approx 0.391$$

二、实验数据的图解处理

在电子测量中，有时并不只是单纯地为了获得某一个或几个量的值，而是为了得出某两个量之间的函数关系。例如，在测量放大电路的幅频特性时，就是为了求得放大电路的放大倍数与信号频率之间的关系。对于这样一种关系，如果用一条连续而光滑的曲线图形来表达测量结果，显然比用一组数字表示要好得多。因为它不但给人们以直观和形象的感觉，而且通过对曲线形状、趋势和特征的观察和分析，可以加深对测量结果的理解，并从中找出规律性的东西。

绘制曲线（或直线）时，一般采取下述步骤：

（1）先以表格形式列出测量的原始数据。

（2）选择合适的坐标系。图形一般要绘在坐标中，因此，在绘图前要选择好合适的坐标系，一般情况下采用直角坐标系。在测量数据时，选用误差较小的被测量作为横坐标，而误差较大的量作为纵坐标。

（3）确定坐标的分度、坐标的比例。应根据具体情况合理分度，其原则是使曲线能清晰、准确地描述被测量的变化规律。常见的分度有线性分度（等距离），有时也采用对数分度。横纵坐标的分度可以是相同的，也可以是不同的。

（4）选择适当的数据点作图。把测量数据用一个特定的点表示在相应的坐标系内，这些点称为数据点。数据点可用直径小于2mm的空心圆、实心圆、十字形或三角形等标记，标记的中心应与测量值的坐标位置重合。将所有数据点连接起来，以构成曲线。数据点的多少，应视曲线的具体形状而定。对于缓慢变化的部分，可以少取一些数据点，但数据点之间应基本上保持等距离。对于急剧变化的部分和某些重要的细节部分，数据点应相对多取一些，以避免漏掉变化的过程。

（5）曲线的修整。由于测量过程中会产生各种误差，测得的数据有一定的离散性。如果把所有数据点一个不少地直接连接起来，常常不会是一条光滑的曲线（或直线），而是一条不规则的波动的曲线。这种波动的曲线，并非与欲得曲线的客观规律有关，而是反映了误差的某些规律。为了得到光滑的曲线，需要进行修整，对于个别远离变化规律的数据点，应进行重点分析、慎重处理。如图1-3-1(a)中的△-△-△曲线中的P点，一般应在P点附近再作几次细密的测量。若结果如图1-3-1(a)中×-×-×曲线，则表示原先的测量过于粗略，数据点P应予保留；若重测的结果如图1-3-1(a)中的○-○-○曲线，则可以断定原先所得的P点是个差错，应予剔除。

当数据点离散不太大时，可用曲线板作出一条光滑的、基本上对称通过所有数据点的曲线，如图1-3-1(b)所示，这个过程称为曲线的修匀。

当数据点离散程度较大时，可沿横坐标将数据点划分成若干组，每组2～3个数据点，并用各组纵、横坐标的平均值作为新的数据点，然后沿这些新的数据点画一条光滑的曲线。具体作法如图1-3-1(c)所示。

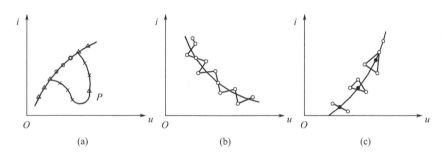

图 1-3-1　实验数据的图解处理

第四节　撰写实验报告

实验报告是实验工作科学全面的总结，也是实验课的继续和提高。通过撰写实验报告，可以培养学生归纳和总结问题的能力，使知识条理化。实验报告的内容和要求如下：

（1）实验报告的主要内容有：实验名称、实验目的和要求、实验电路及工作原理、主要实验步骤、所用仪器设备的型号和名称、测试数据及有关波形图表、实验结果的分析处理及计算示例、实验收获体会并回答有关的问题。

（2）撰写实验报告应采取科学的态度，对实验数据和结果要进行必要的理论分析，未经重复实验不得随意修改原始数据，更不能伪造实验数据。

（3）要详细记录实验电路组装和调试过程发生的故障，具体分析故障原因，在实验过程中记下查找故障和排除故障的方法，在实验报告中作好总结。

（4）实验报告应在实验结束后及时完成，并做到文理通顺、语言精练、字迹工整、图表清晰、结论正确、分析合理、讨论深入。除实验测试数据和有关图表等同组可相互采用外，其他内容每个实验者都应独立完成。

做完实验之后，应及时写好实验报告。

第二章 模拟电子技术实验

实验一 常用电子仪器的使用

一、实验目的

（1）了解示波器、信号源和交流毫伏表的原理和主要技术指标；

（2）掌握用示波器测量信号的幅度、频率等有关参数；

（3）掌握示波器、信号源和交流毫伏表的正确使用方法。

二、实验设备

（1）信号源；（2）示波器；（3）交流毫伏表。

三、实验内容及步骤

（一）信号源

1. 前面板操作键简介

如图 2-1-1 所示为 SDG1025 信号源前面板图。

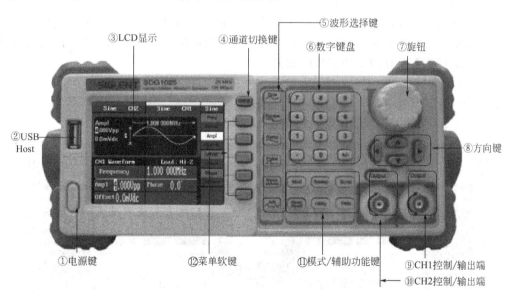

图 2-1-1 SDG1025 信号源前面板

① 电源键。按下接通电源。

② U 盘存储。支持 U 盘存储和固件升级。

③ LCD 显示。显示数据和波形。

④ 通道切换键。按通道切换键可以选择通道 CH1 或 CH2。

⑤波形选择键。按波形选择键可以选择输出波形，从上到下分别为正弦波、方波、锯齿

波/三角波、脉冲串、白噪声和任意波。

⑥ 数字键盘。用于编辑波形时参数值的设置，直接键入数值可改变参数值。

⑦ 旋钮。用于改变波形参数中某一数值的大小，旋钮顺时针旋转一格，递增1；旋钮逆时针旋转一格，递减1（用于波形参数项选择加功能）。

⑧ 方向键。波形参数数值位的选择及数字的删除。

⑨、⑩ CH1/CH2 控制/输出端。开启/关闭输出接口的信号输出，按下 Output 键，该键就被点亮，打开输出开关，同时输出信号，再次按 Output 键，关闭输出。

⑪ 模式/辅助功能键。

⑫ 菜单软键。对应波形参数选择的按键。

2. 基本操作方法

（1）开机。按下电源键，几秒后屏幕上会出现"语音选择"界面，按下菜单软键中对应的"中文"按键，这时显示模式为中文模式，系统默认为通道1显示界面（屏幕右上角显示 CH1），显示频率为 1kHz、电压（峰峰值）为 4V 的正弦信号。

（2）通道（CH1、CH2）选择。按通道切换键可以选择通道（CH1、CH2）显示界面（看屏幕右上角的显示）。

（3）波形选择。按波形选择键选择需要的波形。

（4）设置频率（周期）参数值。在菜单软键中选择频率对应按键，可通过数字键盘直接输入参数值，然后选择相应的参数单位即可。也可以使用方向键来改变参数值所需更改的数据位，再通过旋转旋钮改变该位数的数值。

注：当使用数字键盘输入数值时，使用方向键左键向前移位，效果是删除前一位数值，直接输入具体的数值可改变该位参数值。

（5）设置幅值（高电平）参数值。在菜单软键中选择幅值对应按键，可通过数字键盘直接输入参数值，然后选择相应的参数单位即可。也可以使用方向键来改变参数值所需更改的数据位，再通过旋转旋钮改变该位数的数值。

（二）交流毫伏表

1. 前面板操作键简介

如图 2-1-2 所示为 YB2173B 数字交流毫伏表前面板图。

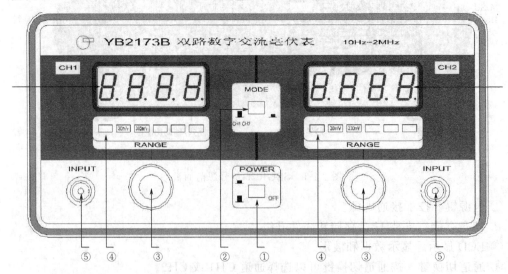

图 2-1-2　YB2173B 数字交流毫伏表前面板

① 电源开关。按下接通电源。

② 同步/异步操作开关。当此开关弹出时，CH1 和 CH2 量程旋钮分别控制 CH1 和 CH2 的量程，即为异步操作；当此开关按入时，CH2 量程开关失去作用，CH1 量程旋钮同时控制 CH1 和 CH2 的电压量程，即为同步操作。

③ 量程旋钮。开机后，在输入信号前，应将量程旋钮调至最大处，即量程指示灯 "300V" 处亮，然后，当输入信号送至输入端后，调节量程旋钮，使数字面板表正确显示输入信号的电压值。

④ 量程挡位指示灯。指示灯显示所处的量程和状态。

⑤ 输入端口。输入信号由此端口输入。

2. 基本操作方法

（1）按下电源开关，并预热 5min。

（2）将量程旋钮调至最大量程处（300V）。

（3）将输入信号由输入端口送入交流毫伏表。

（4）调节量程旋钮，使数字面板表正确显示输入信号的电压值。

（5）在测量输入信号电压时，若输入信号幅度超过满量程的 14% 左右时，仪器的数字面板表会自动闪烁，此时应调更大量程。

（6）如需要同步操作时，请按下同步/异步操作开关，将两个交流信号分别送至交流毫伏表的两个输入端，调节 CH1 量程旋钮，两个数字面板表分别显示两个信号的交流有效值，此时通道 2 的量程旋钮不起作用，由通道 1 的量程旋钮来进行同步控制。

（三）示波器

1. 前面板操作键简介

如图 2-1-3 所示为 LDS20610 示波器前面板图。

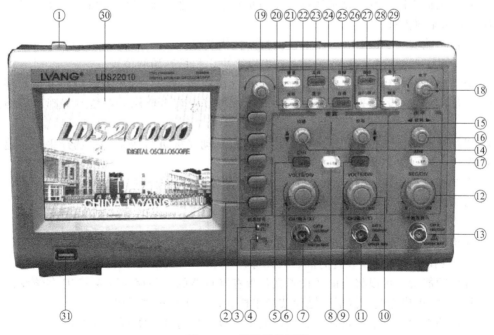

图 2-1-3　示波器前面板

① 电源开关（POWER）。按下接通电源。

② 菜单键。SUB1～SUB5 共 5 个灰色按键，对应显示屏右侧 5 个菜单显示区域，按动菜单键可以设置当前显示区域菜单的不同选项。

③ 校准信号。可选择输出 0.5V，1kHz、10kHz、100kHz 的方波，用于校正探头方波和检测垂直通道的偏转系数。

④ GND。整机接地端子。

⑤ CH1 功能键。该键用来打开或关闭 CH1 通道及菜单。

⑥ CH1 通道垂直偏转系数开关 VOLTS/DIV（灵敏度开关）。调节衰减挡位系数，按下该键 CH1 通道的垂直挡位调节为粗调或微调。

⑦ CH1 通道信号输入插座（INPUT）。CH1 通道的信号接入端口，X-Y 工作方式时，作用为 X 轴信号输入端。

⑧ 运算（MATH）功能键。按下该键打开或关闭运算功能及菜单。

⑨ CH2 功能键。该键用来打开或关闭 CH2 通道及菜单。

⑩ CH2 通道垂直偏转系数开关 VOLTS/DIV（灵敏度开关）。调节衰减挡位系数，按下该键 CH2 通道的垂直挡位调节为粗调或微调。

⑪ CH2 通道信号输入插座（INPUT）。CH2 通道的信号接入端口，X-Y 工作方式时，作用为 Y 轴信号输入端。

⑫ 扫描时基开关 SEC/DIV（扫速开关）。根据需要选择适当的扫描时间挡级。

⑬ 外触发输入端（INPUT）。外接同步信号的输入插座。

⑭ CH1 垂直位移旋钮（位移）。调节 CH1 波形垂直位移，按下该键使 CH1 通道波形的垂直显示位置迅速回到屏幕中心点。

⑮ CH2 垂直位移旋钮（位移）。调节 CH2 波形垂直位移，按下该键使 CH2 通道波形的垂直显示位置迅速回到屏幕中心点。

⑯ 水平位移旋钮。改变显示波形水平方向的位置，按下该键将使触发位移或延迟扫描位移恢复到水平零点处。

⑰ 扫描功能键（SWEEP）。按下该键打开扫描菜单。

⑱ 触发电平调整旋钮（LEVEL）。触发电平决定扫描开始的位置。

⑲ 公用旋钮。按动菜单选择键，显示菜单键出现子菜单时，选中后按一下该旋钮以确认选中子菜单选项，没有子菜单时，按一下该键可以隐藏主菜单，再按一下则可以弹出主菜单。

⑳ 光标测量功能键。光标模式允许用户通过移动光标进行测量，可选择手动、追踪和自动测量。

㉑ 自动测量功能键（MEASURE）。对波形参数进行自动测量。

㉒ 显示功能键。可以设置示波器的显示信息。

㉓ 采样功能键。设置采样方式为实时或等效采样。

㉔ 应用功能键。应用菜单可以选择示波器的语言种类，设置通过测试和波形记录功能，系统维护，自校正功能以及设置时间、日期等。

㉕ 存储功能键。可以将当前的设置文件保存到仪器的内部存储区或 USB 存储设备上。

㉖ 运行/停止功能键。按下该键使波形采样在运行和停止之间切换。

㉗ 自动功能键。自动设定仪器各项控制值，以产生适宜观察的波形显示。

㉘ 触发功能键。可以设置触发方式、触发源、触发条件、触发释抑时间等参数。

㉙ 单次功能键。按下该键在符合触发条件时进行一次触发，然后停止运行。

㉚ LCD 显示屏。显示各种信息。

㉛ USB 接口。在该菜单中可以对 USB 存储设备进行操作整理。

2.基本操作方法

（1）开机。按下电源按键，几秒钟后屏幕上会出现一条或两条水平的扫描线。

（2）通道选择。选择使用 CH1 还是 CH2，或者两个通道都用。

（3）灵敏度和扫速开关的选择。以输入 1kHz、4V 的正弦信号为例，灵敏度开关一般调到 1V/格（VOLT/DIV）挡位，扫速开关一般调到 500μs/格挡位，这样显示的波形大小适中、便于观察，当输入信号变化时再调节灵敏度和扫速开关的挡位，以观察到波形大小适中为准。

（4）测量。自动测量是按下自动测量功能键，再按菜单键选择测量参数，测量的数据显示在屏幕下方，最多可同时显示 3 个测量值的数据，选择"全部测量"时，屏幕上会显示全部测量的数据，所有测量的数据都是动态数据，显示值会在一定范围内不停刷新。

手动测量分为电压测量和时间测量，数一下波形正峰值到负峰值之间垂直占多少格（屏幕中坐标方格），再看看灵敏度开关显示的值，两者相乘，结果就是电压的峰峰值；同理，用相邻峰值之间的水平占格数乘以扫速开关的值，结果就是波形的周期，倒数即为频率。

四、实验报告要求

（1）认真记录数据；

（2）分析测量结果与理论值的误差，讨论其产生原因。

实验二　晶体二、三极管测试

一、实验目的

（1）熟悉用万用表判别晶体二、三极管的正确方法；

（2）熟悉三极管的主要参数；

（3）学习用晶体管特性图示仪观察二、三极管的特性曲线。

二、实验设备

（1）万用表；（2）晶体管特性图示仪。

三、预习要求

（1）复习 PN 结的单向导电性；

（2）复习晶体二、三极管的结构和特性；

（3）复习万用表的使用方法。

四、实验内容及步骤

（一）晶体管测试

1.万用表的使用原理

正确使用万用表的电阻挡，能够判断出二、三极管的极性、类型及好坏。首先要清楚万用表电阻挡的等效电路，如图 2-2-1 所示。其中 E_0 为表内电源、R_0 为万用表的等效内阻，不同电阻挡等效内阻各不相同。

由图可知：万用表红表笔——接表内电源负极。

万用表黑表笔——接表内电源正极。

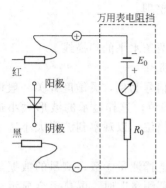

万用表电阻挡

红 阳极

黑 阴极

图 2-2-1 万用表及其等效电路

万用表置 $R\times1$、$R\times10$、$R\times100$、$R\times1k$ 挡时，一般 $E_0=1.5V$，置 $R\times10k$ 挡时，该挡电源电压较高，一般 $E_0=9V$，采用该挡测晶体管时易损坏晶体管，测试小功率晶体管时，一般选用 $R\times1k$ 挡。

2.晶体二极管的测试

如图 2-2-1 所示，用黑表笔（电源正极）接二极管阳极，红表笔（电源负极）接二极管阴极时，二极管正向导通，反之，二极管反向截止。正向导通电阻约几百欧或几千欧，反向电阻约几百千欧以上，阻值在这个范围内，说明管子是好的；如果正、反向电阻均为无穷大，则表明二极管内部断开；如果正、反向电阻均为零，说明二极管内部短路；如果正、反向电阻接近，则二极管性能严重恶化。

3.晶体三极管的测试

（1）先判别基极 b。三极管可等效为两个背靠背（或面对面）连接的二极管，如图 2-2-2 所示。根据 PN 结单向导电原理：基-集、基-射正向导通电阻均较小，反向电阻均较大，所以很容易把基级判别出来。现以 NPN 管为例：测量时先假设某一管脚为"基极 b"，用黑表笔接假设的"基极 b"，红表笔分别接其余两个管脚，测量阻值，若阻值均较小，再将黑红笔对调（既红笔接假设的基级 b），重复测量一次，若阻值均较大，则原先假设的基极是正确的。如果两次测得的阻值是一大一小，则原先假设的基极是错误的，这时应重新假设基极，重新测量。

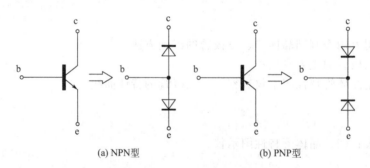

(a) NPN型   (b) PNP型

图 2-2-2 三极管等效电路

（2）判别管子类型。由上面判别基极的结果，同时可知管子类型。如用黑表笔（电池正极）接管子基极，红表笔（电池负极）分别接其余两脚时，电阻值均较小，由 PN 结单向导电原理知道，基极是 P 区，集电极和发射极是 N 区，故为 NPN 管。反之，红表笔接基极，黑表笔分别接 c、e 极，电阻值均较小，则是 PNP 管。

（3）判别集电极 c。在已知基极 b 和管子类型的基础上，进而可判别集电极 c。由共射极单管放大原理可知：

对 NPN 管而言，当集电极接电源正极，发射极接电源负极，若给基极提供一个合适的偏流时，三极管就处在放大导通状态，I_c 较大。测量时，先假设一个管脚为集电极"c"，用手指把基极和假设的集电极"c"捏紧，人体电阻相当于基极偏置电阻 R_b，注意不要使两管脚直接接触，用黑笔接"c"，红笔接"e"读出阻值；然后再与上述假设相反，重新测量一次，比较两次阻值大小，阻值小的那次假设的集电极是正确的，另一管脚就是发射极。测量电路如图 2-2-3 所示。

对 PNP 管,测试时只需将表笔对调即可,结论不变。

(4)晶体三极管的 β(直流放大倍数)值。将万用表挡位开关选 h_{FE} 挡,对应插入三极管的三个管脚,即可测定 β 值。

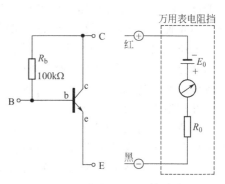

图 2-2-3 集电极 c 判别电路

(二)晶体管特性图示仪

1.前面板操作简介

如图 2-2-4 所示为 YB48005 晶体管特性图示仪前面板图。

① 商标区。显示测试仪型号。

② LCD 显示屏。显示各种信息。

③ 电源开关(POWER)。按入状态接通电源,弹出状态切断电源。

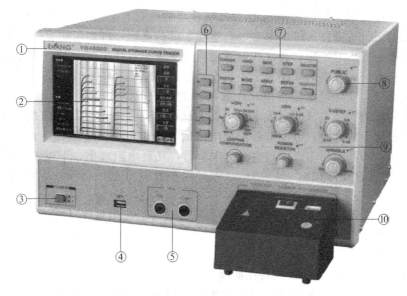

图 2-2-4 晶体管特性图示仪前面板

④ USB 接口。在菜单中可以对 USB 存储设备进行操作整理。

⑤ 校准。校准测量精度。

⑥ 控件按钮。共 5 个灰色按键,对应显示屏右侧 5 个菜单显示区域,按动菜单键可以设置当前显示区域菜单的不同选项。

⑦ 功能键。共 10 个灰色按键,选择设置不同菜单功能。

⑧ 公用旋钮。在面板右上方,当按动菜单控件按钮,显示菜单并出现子菜单时,公用旋钮可以选择子菜单项。选择不同菜单控件后,转换相应参数。下按该旋钮,进入锁定状态,参数不可调,旋钮右上方的红灯(LOCK)同时亮起;再下按,红灯熄灭,解除锁定。

⑨ 测量旋钮。共 6 个测量旋钮,对水平和垂直测量、集电极源和阶梯源等参数调节。

电压调节旋钮:调节集电极输入电压大小,通过集电极功能键设置好所需的源电压大小后,此时能调节到的电压上限就被固定,通过该旋钮,可以调节在该范围内所需的任意值,其值大小等于电压值×百分比(ADJ),ADJ 大小可以从显示屏幕右下方的 ADJ 读取。调节时,顺时针旋转集电极源电压输出值(ADJ)增大,逆时针旋转集电极源电压输出值

（ADJ）减小。下按该旋钮，可以快速将集电极电压置零，进入锁定状态，旋钮右上方的红灯（LOCK）亮起，参数不可调；再次下按，红灯熄灭，解除锁定。

电压/度旋钮：调节水平每一挡位的电压大小，刻度精确到 0.1，一格为一挡，共十格均匀划分，每格又分为十等份。顺时针旋转每挡电压值增大，逆时针旋转每挡电压值减小。下按该旋钮，进入锁定状态，旋钮右上方的红灯（LOCK）同时亮起，参数不可调；再下按，红灯熄灭，解除锁定。

电流/度旋钮：调节垂直每一挡位的电流大小，刻度精确到 0.1，一格为一挡，共十格均匀划分，每格又分为十等份。顺时针旋转每挡电流值增大，逆时针旋转每挡电流值减小。下按该旋钮，进入锁定状态，旋钮右上方的红灯（LOCK）同时亮起，参数不可调；再下按，红灯熄灭，解除锁定。

电压-电流/级：调节相邻两阶梯电压或者电流大小。顺时针旋转每级阶梯增大，逆时针旋转减小。下按该旋钮，进入锁定状态，旋钮右上方的红灯（LOCK）同时亮起，参数不可调；再下按，红灯熄灭，解除锁定。

容性电流补偿旋钮：集电极电源的输出端对"地"存在着各种杂散电容，包括各种开关、功耗限制电阻、被测件的输出电容等。这些杂散的电容，都将形成容性电流，在测试时就会在取样电阻上产生电压降，造成测试误差。为了减小容性电流，在测试前通过调节"电容平衡"电位器，将容性电流减小到最小状态。测量的电流比较小时，漏电流不能忽略。

功耗电阻旋钮：功耗电阻是指串联在被测件的集电极电路上用于限制被测件功耗的电阻。它也可作为被测件集电极的负载电阻。在测试时，通过调节"功耗限制电阻"的旋钮，来改变功耗限制电阻的大小。改变功耗限制电阻的大小，可改变被测件特性曲线簇的斜率。顺时针方向旋转，功耗电阻增大，逆时针方向旋转，功耗电阻减小。下按该旋钮，进入锁定状态，旋钮右上方的红灯同时（LOCK）亮起，参数不可调；再下按，红灯熄灭，解除锁定。

⑩ 测试夹具。插入测试孔，放置晶体管、场效应管进行测量。

2.基本操作方法

（1）二极管测量。

① 使用光标测量二极管的正向特征曲线。

a.打开测试夹具二极管保护盖，固定二极管。根据被测件的导通电压 $VD_{(on)}$ 和电流选择适当的参数。

b.启动测量，顺时针缓慢旋转峰值百分比旋钮，增大集电极电压，获得理想曲线。如图 2-2-5 所示。

② 使用点光标测量二极管的反向击穿电压 $V_{(BR)}$。

a.正常连接二极管，集电极极性：负。

b.启动测量，顺时针较快旋转峰值百分比旋钮，增大集电极电压，以获得反向击穿曲线。

c.电压较高时，漏电流增大，可调节容性电流补偿旋钮，使漏电流最小。

d.选择点光标，将亮点移动到曲线突变的位置上。在光标参数区，获得反向击穿电压值及该电压下的电流值。如图 2-2-6 所示。

（2）双极性晶体管测量。

① 共发射极输出特征曲线（I_c-V_{ce}）。

a.根据被测件的封装，将被测件正确安装在测试夹具上，然后把测试夹具固定到底座上。

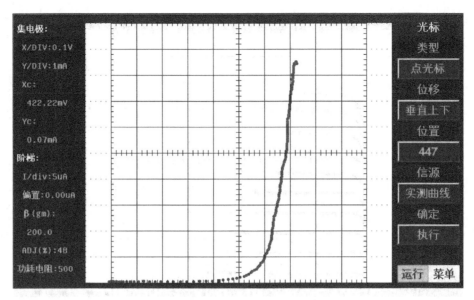

图 2-2-5　二极管正向特性曲线

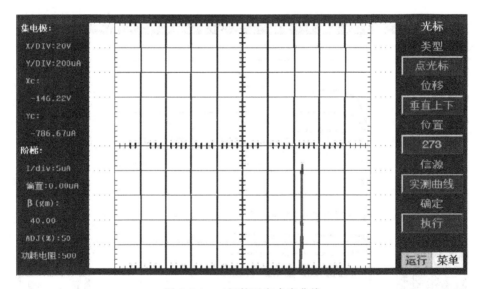

图 2-2-6　二极管反向击穿曲线

b. 启动测量，顺时针旋转峰值百分比旋钮，增加集电极电压，获得输出特性曲线。

c. 增加或减少阶梯级数或注入电流，曲线根数或曲线之间的间隔也随着增加或减少。

d. 改变集电极功率，即改变功耗电阻，负载线的斜率也随着变化。

e. 适当改变水平电压和垂直电流的偏转系数，以获得适宜的输出特性曲线。如图 2-2-7 所示。

② 使用窗光标来测量放大倍数 β。

a. 设置晶体管的参数，获得适宜的输出曲线。

b. 选择窗光标，窗口左下及右上顶点为可控点。通过确认键可以选定其中之一，旋转位移旋钮，移动第二参考点到相邻的一条曲线上，在光标参数区，读取该晶体管的放大倍数。如图 2-2-8 所示。

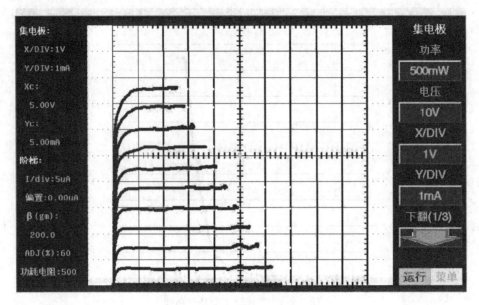

图 2-2-7　晶体管输出特性曲线

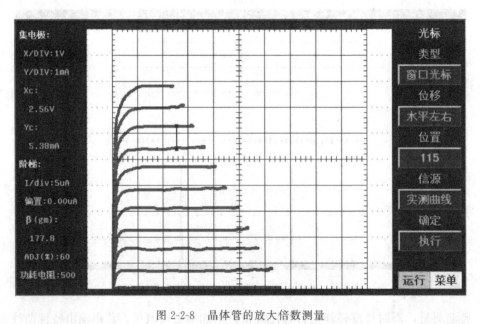

图 2-2-8　晶体管的放大倍数测量

（3）场效应晶体管的测量。N沟道场效应管的测量方法与测NPN管操作基本相同，P沟道场效应管的测量方法与测PNP管操作基本相同，不同的地方在于基极阶梯源需手动置到阶梯电压挡。

五、实验报告要求

（1）记录被测二、三极管的正、反向阻值；
（2）记录三极管的β值。

实验三　单级交流放大电路

一、实验目的

（1）进一步熟悉常用电子元器件，掌握仪器设备的使用方法；

（2）学习晶体管放大电路静态工作点的测试方法，掌握共射极电路特性；

（3）理解电路元件参数对静态工作点的影响，以及调整静态工作点的方法；

（4）学习放大电路性能指标：电压增益 A_V、输入电阻 R_i、输出电阻 R_o 的测量方法。

二、实验设备

（1）模拟电子实验箱；（2）信号源；（3）示波器；（4）交流毫伏表；（5）数字万用表。

三、预习要求

（1）熟悉单管放大电路，掌握不失真放大的条件；

（2）熟悉共射极放大电路静态和动态的测量方法；

（3）了解负载变化对共射极放大电路放大倍数的影响。

四、实验内容及步骤

实验电路如图 2-3-1 所示，电源电压为 12V。

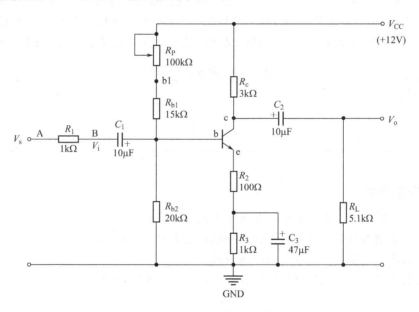

图 2-3-1　小信号放大电路

1.静态工作点测试

按图 2-3-1 连接电路，先将电位器调到阻值最大位置，检查无误后接通电源（$V_{CC}=+12V$），调节电位器，使 $V_c=6.5V$，用万用表测静态工作点 V_c、V_e、V_b 及 V_{b1} 的数值，并计算 I_b、I_c，结果填入表 2-3-1 中。$I_b=(V_{b1}-V_b)/R_{b1}-V_b/R_{b2}$，$I_c=(V_{CC}-V_c)/R_c$。

表 2-3-1 测量结果（1）

测 量				计 算	
V_e/V	V_c/V	V_b/V	V_{b1}/V	I_c/mA	$I_b/\mu A$

2. 动态研究

（1）将信号源调为 $f=1kHz$，$V_{p\text{-}p}=100mV$ 的正弦信号，接到放大器输入端（V_s）A 点，用示波器观察输入和输出的波形，并比较相位。

（2）用交流毫伏表依次测量 V_S（A 点输入电压）、V_i（B 点输入电压）、V_o（空载 $R_L=\infty$ 时输出电压）、V_L（接负载 $R_L=5.1k\Omega$ 时的输出电压），并将测量结果填入表 2-3-2 中。

表 2-3-2 测量结果（2）

实测/mV				实测计算			
V_S	V_i	V_o	V_L	A_V	A_{V_L}	$R_i/k\Omega$	$R_o/k\Omega$

（3）按公式计算：空载电压放大倍数 A_V（$A_V=V_o/V_i$）、负载电压放大倍数 A_{V_L}（$A_{V_L}=V_L/V_i$）、输入电阻 $R_i=R_1V_i/(V_S-V_i)$、输出电阻 $R_o=(V_o-V_L)R_L/V_L$，将计算结果填入表 2-3-2 中。

（4）保持输入信号 V_S 不变，减小电位器 R_P，观察输出 V_o 饱和失真的波形，断开信号源，用万用表测量晶体管各极电位；调节输入信号 $V_{p\text{-}p}=500mV$，增大电位器 R_P，观察输出 V_o 截止失真的波形，断开信号源，用万用表测量晶体管各极电位，将结果填入表 2-3-3 中。

表 2-3-3 测量结果（3）

电位器 R_P	V_b	V_c	V_e	输出波形	失真类型
减小					
增大					

五、实验报告要求

（1）整理实验数据，填入表中，并按要求进行计算；

（2）总结电路参数变化对静态工作点和电压放大倍数的影响；

（3）分析输入电阻和输出电阻的测试方法；

（4）把实测计算和理论估算进行比较并分析产生误差的原因。

实验四 负反馈放大电路

一、实验目的

（1）学习两级阻容耦合放大电路静态工作点的调整方法；

（2）学习两级阻容耦合放大电路电压放大倍数的测量；

（3）熟悉负反馈放大电路性能指标的测试方法，理解负反馈对放大电路性能的影响。

二、实验设备

（1）模拟电子实验箱；（2）信号源；（3）示波器；（4）交流毫伏表；（5）数字万用表。

三、预习要求

（1）熟悉单管放大电路，掌握不失真放大电路的调整方法；

（2）熟悉两级阻容耦合放大电路静态工作点的调整方法；

（3）了解负反馈对放大电路性能的影响，熟悉放大电路开环和闭环电压放大倍数。

四、实验内容及步骤

实验电路如图 2-4-1 所示，电源电压为 12V。

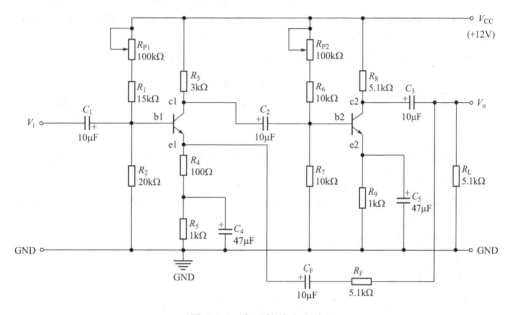

图 2-4-1　负反馈放大电路

1．调整静态工作点

（1）静态工作点设置：第一级增加信噪比，要求工作点尽可能低，第二级为主要放大级，要求在输出波形不失真的前提下输出幅值尽可能大。

（2）按图连接，使放大器处于开环工作状态，先将电位器调到阻值最大位置，经检查无误后接通电源。

（3）在输入端输入 $f=1\mathrm{kHz}$、$V_{\text{p-p}}=5\mathrm{mV}$ 的正弦信号，用示波器观察输出波形，反复调整电位器 R_{P1}、R_{P2} 使输出波形在不失真的前提下幅值最大，然后断开输入信号，分别测量放大器两级静态工作点（三极管各极电位），结果填入表 2-4-1 中。参考电压：$V_{\mathrm{c1}}=6\mathrm{V}$、$V_{\mathrm{c2}}=5.5\mathrm{V}$。

表 2-4-1　测量结果（1）

$V_{\mathrm{e1}}/\mathrm{V}$	$V_{\mathrm{b1}}/\mathrm{V}$	$V_{\mathrm{c1}}/\mathrm{V}$	$V_{\mathrm{e2}}/\mathrm{V}$	$V_{\mathrm{b2}}/\mathrm{V}$	$V_{\mathrm{c2}}/\mathrm{V}$

2. 开环和闭环电压放大倍数的测试

重新接上输入信号，用示波器观察输出波形，在不失真的前提下，分别测量开环和闭环时的输入电压和输出电压，并计算电压放大倍数，将结果填入表 2-4-2 中。

表 2-4-2 测量结果（2）

工作方式	V_i/mV	V_L/mV	A_{vf}
无反馈			
有反馈			

3. 幅频特性测量（对带宽的影响）

（1）电路不接反馈。

（2）保持输入信号幅度不变，增加输入信号的频率，直到波形（或输出电压）减小到原来的 70%（0.707V_o）为止，此时输入信号的频率即为放大电路上限截止频率 f_H。

（3）保持输入信号幅度不变，减少输入信号的频率，直到波形（或输出电压）减小到原来的 70%（0.707V_o）为止，此时输入信号的频率即为放大电路下限截止频率 f_L。

（4）电路接入反馈，重复上述实验，将结果填入表 2-4-3 中。

表 2-4-3 测试结果（3）

工作方式	f_H/kHz	f_L/Hz
无反馈		
有反馈		

4. 观察负反馈对波形失真的改善

（1）电路不接反馈，调整信号源 $f=1\text{kHz}$，逐渐增大信号源的幅度，用示波器观察输出波形出现失真（不要过分失真）。

（2）电路接入反馈，观察负反馈对输出波形失真的改善。

五、实验报告要求

（1）整理实验数据，比较实测值与理论值，分析误差原因；

（2）总结负反馈对放大电路的影响。

实验五 比例求和运算电路

一、实验目的

（1）掌握用集成运算放大器组成比例、求和电路的特点及性能；

（2）学会上述电路的测试和分析方法。

二、实验设备

（1）模拟电子实验箱；（2）信号源；（3）示波器；（4）交流毫伏表。

三、预习要求

（1）运算电路中集成运放必须工作在线性区；

（2）理想运放工作在线性区时会有"虚短""虚断"的特点；

（3）计算表 2-5-1～表 2-5-5 中 V_o 的理论值。

四、实验内容及步骤

1.电压跟随器

实验电路如图 2-5-1 所示,电源电压为 $\pm 12V$ 的双电源,其运算关系为:$V_o = V_i$。按表 2-5-1 内容输入 $f = 1kHz$ 的正弦信号,测量输出电压 V_o,观察 V_i 和 V_o 波形并比较相位。

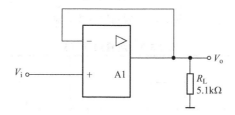

图 2-5-1 电压跟随器

表 2-5-1 测量结果(1)

V_i(有效值)/mV		10	100	1000
V_o/mV	理论值			
	实测值			

2.反相比例放大器

实验电路如图 2-5-2 所示,其运算关系为:$V_o = -\dfrac{R_F}{R_1}V_i$。按表 2-5-2 内容输入 $f = 1kHz$ 的正弦信号,测量输出电压 V_o,观察 V_i 和 V_o 波形并比较相位。

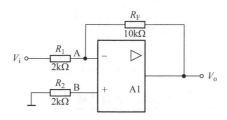

图 2-5-2 反相比例放大器

表 2-5-2 测量结果(2)

V_i(有效值)/mV		50	500	1000
V_o/mV	理论值			
	实测值			

3.同相比例放大器

实验电路如图 2-5-3 所示,其运算关系为:$V_o = \left(1 + \dfrac{R_F}{R_1}\right)V_i$,按表 2-5-3 内容输入 $f = 1kHz$ 的正弦信号,测量输出电压 V_o,观察 V_i 和 V_o 波形并比较相位。

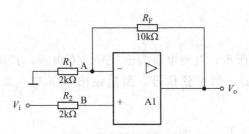

图 2-5-3　同相比例放大器

表 2-5-3　测量结果（3）

V_i(有效值)/mV		500	1000	3000
V_o/mV	理论值			
	实测值			

4.反相求和放大电路

实验电路如图 2-5-4 所示，其运算关系为：$V_o = -\left(\dfrac{R_F}{R_1}V_{i1} + \dfrac{R_F}{R_2}V_{i2}\right)$，按表 2-5-4 内容输入 $f=1\text{kHz}$ 的正弦信号，测量输出电压 V_o，观察 V_{i2} 和 V_o 波形并比较相位。

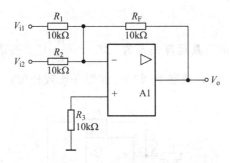

图 2-5-4　反相求和放大电路

表 2-5-4　测量结果（4）

V_{i1}(有效值)/V		0.5	1
V_{i2}(有效值)/V		1	2
V_o/V	理论值		
	实测值		

5.双端输入求和放大电路

实验电路如图 2-5-5 所示，其运算关系为：$V_o = \left(1+\dfrac{R_F}{R_1}\right)\dfrac{R_3}{R_2+R_3}V_{i2} - \dfrac{R_F}{R_1}V_{i1}$，按表 2-5-5 内容输入 $f=1\text{kHz}$ 的正弦信号，测量输出电压 V_o，观察 V_{i2} 和 V_o 波形并比较相位。

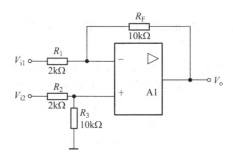

图 2-5-5　双端输入求和放大电路

表 2-5-5　测量结果（5）

V_{i1}（有效值）/V		2	1
V_{i2}（有效值）/V		1	1.5
V_o/V	理论值		
	实测值		

五、实验报告要求

（1）总结五种运算电路的特点及性能；

（2）分析理论计算与实验结果误差的原因。

实验六　积分与微分电路

一、实验目的

（1）掌握用运算放大器组成积分、微分电路；

（2）掌握积分、微分电路的特点及性能。

二、实验设备

（1）模拟电子实验箱；（2）信号源；（3）示波器；（4）交流毫伏表。

三、预习要求

（1）用 μA741 组成积分、微分电路；

（2）积分与微分电路测试；

（3）计算理论值。

四、实验内容及步骤

1. 积分电路

积分电路如图 2-6-1 所示，电容 C 以电流 $I = V_i/R_1$ 进行充电，假设电容 C 初始电压为零，则：

$$V_o = -\frac{1}{RC}\int V_i \mathrm{d}t$$

（1）按图连接电路，电阻 R_3 暂时不接入电路中，

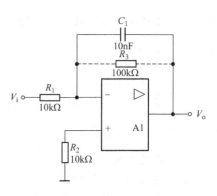

图 2-6-1　积分电路

23

确认无误后接通电源。

（2）输入 $f=1\text{kHz}$，$V_{p-p}=3\text{V}$ 的正弦信号，用示波器观察输入、输出波形并测量输出电压。

（3）改变正弦波频率，观察输出波形和输出电压的变化情况。

（4）输入 $f=1\text{kHz}$、$V_{p-p}=3\text{V}$ 的方波信号，重复上述实验。

（5）在电容 C 的两端并联一个电阻 R_3，重复上述实验。

2. 微分电路

微分电路如图 2-6-2 所示，假设电容 C 初始电压为零，当信号电压 V_i 接入后便有：

$$V_o = -RC\frac{\mathrm{d}V_i}{\mathrm{d}t}$$

（1）按图连接电路，电容 C_2 暂时不接入电路中，确认无误后接通电源。

（2）输入 $f=1\text{kHz}$、$V_{p-p}=3\text{V}$ 的正弦信号，用示波器观察输入、输出波形并测量输出电压。

（3）改变正弦波频率，观察输出波形和输出电压的变化情况。

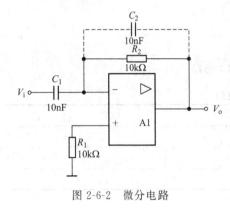

图 2-6-2　微分电路

（4）输入 $f=1\text{kHz}$、$V_{p-p}=3\text{V}$ 的方波信号，重复上述实验。

（5）在电阻 R_2 的两端并联一个电容 C_2，重复上述实验。

五、实验报告要求

（1）整理实验中的数据及波形，总结积分、微分电路特点；

（2）分析实验结果与理论计算的误差原因。

实验七　波形发生电路

一、实验目的

（1）掌握波形发生电路的工作原理及特点；

（2）掌握波形发生电路的设计、参数选择、分析和调试方法。

二、实验设备

（1）模拟电子实验箱；（2）数字万用表；（3）示波器；（4）交流毫伏表。

三、预习要求

（1）试画出矩形波、锯齿波、三角波的电路，分析其电路原理；

（2）分析各波形发生电路的工作原理，定性画出 V_o 和 V_c 波形。

四、实验内容及步骤

1. 方波发生电路

实验电路如图 2-7-1 所示。

（1）按电路图接线，观察并记录 V_o、V_c 的波形和频率。

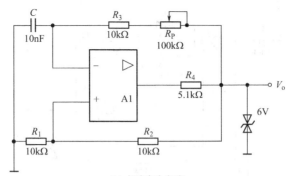

(a) 方波发生电路

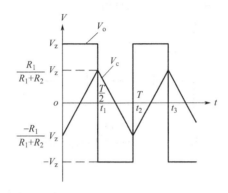

(b) 波形图(V_z为稳压管稳压电源)

图 2-7-1　方波发生电路及波形

（2）逐渐调节电位器，观察并记录 V_o、V_c 的波形和频率。

（3）若想获得更低（或更高）频率的输出波形，应该如何选择电路参数？自选器件，完成实验，观察并记录 V_c、V_o 的波形和频率。

2.占空比可调的矩形波发生电路

实验电路如图 2-7-2 所示。

（1）按电路图接线，观察并测量 V_o 的频率、电压及占空比。

（2）分别调节电位器，观察输出波形频率和占空比的变化情况。

3.三角波发生电路

实验电路如图 2-7-3 所示。

（1）按电路图接线，观察输出波形并记录。

（2）逐渐调节电位器，观察输出波形的变化。

4.锯齿波发生电路

实验电路如图 2-7-4 所示。

（1）按电路图接线，观察输出波形并记录。

（2）逐渐调节电位器，观察输出波形的变化。

五、实验报告要求

（1）画出各电路的波形图；

（2）总结波形发生电路的特点。

25

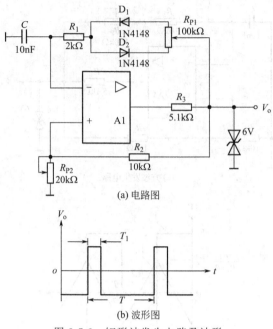

(a) 电路图

(b) 波形图

图 2-7-2　矩形波发生电路及波形

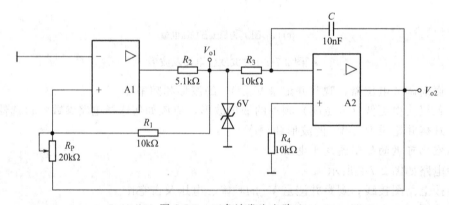

图 2-7-3　三角波发生电路

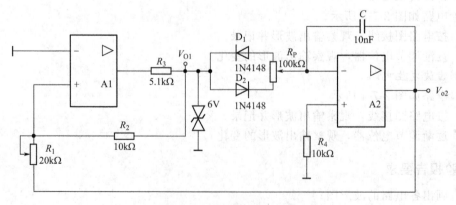

图 2-7-4　锯齿波发生电路

实验八　整流滤波与并联稳压电路

一、实验目的

（1）熟悉单相半波和桥式整流电路；

（2）熟悉电容滤波作用；

（3）了解并联稳压电路。

二、实验设备

（1）模拟电子实验箱；（2）数字万用表；（3）示波器。

三、预习要求

（1）复习整流、滤波和稳压电路的组成；

（2）分析电路的工作原理。

四、实验内容及步骤

1. 半波整流电路

实验电路如图 2-8-1 所示。用示波器观察变压器副边电压 V_2 及负载两端电压 V_L 的波形，用万用表测量 V_2、V_L 的值，并与理论值比较。

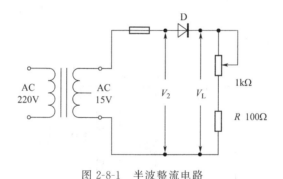

图 2-8-1　半波整流电路

2. 桥式整流电路

实验电路如图 2-8-2 所示，重复上述实验。

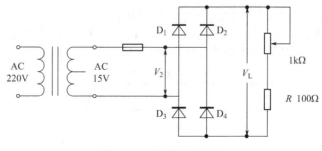

图 2-8-2　桥式整流电路

3. 电容滤波电路

实验电路如图 2-8-3 所示。

（1）R_L 先不接（$R_L = \infty$），分别用不同的滤波电容 22μF、220μF 接入电路，用示波器观察输出波形，用万用表测 V_L，将结果填入表 2-8-1 中。

（2）接上 R_L，分别用不同的负载电阻 3.3kΩ、100Ω 接入电路，重复上述实验，将结果填入表 2-8-1 中。

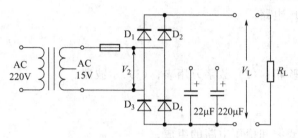

图 2-8-3　电容滤波电路

表 2-8-1　测量结果（1）

项目	$R_L = \infty$		$R_L = 3.3\text{k}\Omega$		$R_L = 100\Omega$	
	$C = 22\mu\text{F}$	$C = 220\mu\text{F}$	$C = 22\mu\text{F}$	$C = 220\mu\text{F}$	$C = 22\mu\text{F}$	$C = 220\mu\text{F}$
V_L/V						

4. 并联稳压电路

实验电路如图 2-8-4 所示。

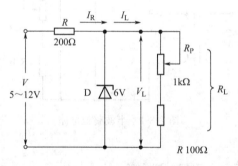

图 2-8-4　并联稳压电路

（1）电源输入电压不变，负载变化时电路的稳压性能。

将可调电源调到 11V，调节电位器 R_P，使负载电流 I_L 分别为 10mA、15mA、20mA，按表 2-8-2 内容测量，并计算稳压电路输出电阻。（$R_o = \Delta V_L / \Delta I_L$）

表 2-8-2　测量结果（2）

I_L/mA	V_L/V	I_R/mA
10		
15		
20		

（2）负载不变，电源电压变化时电路的稳压性能。

负载不变，将可调电源分别调到 8V、9V、10V，按表 2-8-3 内容测量，并计算稳压电路稳压系数 $[S_r=(\Delta V_L/V_L)/(\Delta V_i/V_i)]$。

表 2-8-3　测量结果（3）

V_i/V	V_L/V	I_R/mA	I_L/mA
8			
9			
10			

五、实验报告要求

（1）整理实验数据并按实验内容计算；
（2）分析理论值与测量值产生误差的原因；
（3）画出整流和滤波电路波形。

实验九　比例求和运算电路（直流）

一、实验目的

（1）掌握用集成运算放大器组成比例、求和电路的特点及性能；
（2）学会上述电路的测试和分析方法。

二、实验设备

（1）模拟电子实验箱；（2）数字万用表。

三、预习要求

（1）理想运放工作在线性区时会有"虚短""虚断"的特点；
（2）计算表 2-9-1～表 2-9-5 中 V_o 的理论值。

四、实验内容及步骤

1. 电压跟随器

实验电路如图 2-9-1 所示，其运算关系为：$V_o=V_i$。按表 2-9-1 内容测量并计算。

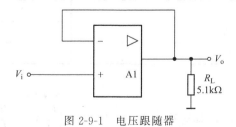

图 2-9-1　电压跟随器

表 2-9-1　测量结果（1）

V_i/V		−5	−1.5	0	1.5	5
V_o/V	理论值					
	实测值					

2. 反相比例放大器

实验电路如图 2-9-2 所示，其运算关系为：$V_o = -\dfrac{R_F}{R_1}V_i$。按表 2-9-2 内容测量并计算。

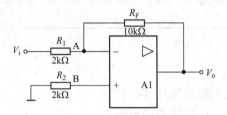

图 2-9-2　反相比例放大器

表 2-9-2　测量结果（2）

V_i/mV		300	1000	1500
V_o/mV	理论值			
	实测值			

3. 同相比例放大器

实验电路如图 2-9-3 所示，其运算关系为：$V_o = \left(1+\dfrac{R_F}{R_1}\right)V_i$，按表 2-9-3 内容测量并计算。

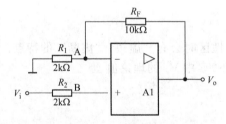

图 2-9-3　同相比例放大器

表 2-9-3　测量结果（3）

V_i/mV		300	1000	2000
V_o/mV	理论值			
	实测值			

4. 反相求和放大电路

实验电路如图 2-9-4 所示，其运算关系为：$V_o = -\left(\dfrac{R_F}{R_1}V_{i1}+\dfrac{R_F}{R_2}V_{i2}\right)$，按表 2-9-4 内容测量并计算。

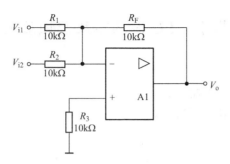

图 2-9-4　反相求和放大电路

表 2-9-4　测量结果（4）

V_{i1}/V		5	-5
V_{i2}/V		2	-3
V_o/V	理论值		
	实测值		

5. 双端输入求和放大电路

实验电路如图 2-9-5 所示，其运算关系为：$V_o = \left(1+\dfrac{R_F}{R_1}\right)\dfrac{R_3}{R_2+R_3}V_{i2} - \dfrac{R_F}{R_1}V_{i1}$，按表 2-9-5 内容测量并计算。

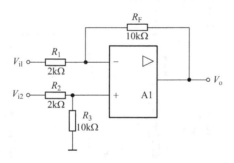

图 2-9-5　双端输入求和放大电路

表 2-9-5　测量结果（5）

V_{i1}/V		5	-5
V_{i2}/V		4	-3.5
V_o/V	理论值		
	实测值		

五、实验报告要求

（1）总结五种运算电路的特点及性能；

（2）分析理论计算与实验结果误差的原因。

实验十　LC 振荡器及选频放大器

一、实验目的

(1) 了解 LC 正弦波振荡器特性；

(2) 了解 LC 选频放大器幅频特性。

二、实验设备

(1) 模拟电子实验箱；(2) 信号源；(3) 示波器；(4) 交流毫伏表；(5) 数字万用表。

三、预习要求

(1) LC 电路三点式振荡器振荡条件及频率计算方法，计算图 2-10-1 所示电路中，当电容 C 分别为 $0.047\mu F$ 和 $0.01\mu F$ 时的振荡条件及频率；

(2) LC 选频放大器幅频特性。

四、实验内容及步骤

实验电路如图 2-10-1 所示，电源电压为 12V。

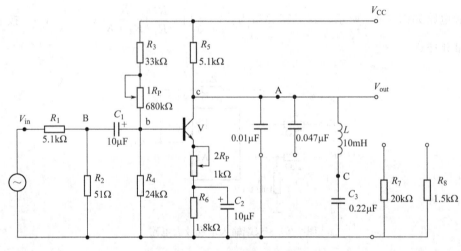

图 2-10-1　LC 正弦波振荡器

1. 测选频放大器的幅频特性曲线

(1) 按图 2-10-1 接线，先选电容 C 为 $0.01\mu F$。

(2) 先调 $2R_P = 0\Omega$，然后调 $1R_P$ 使晶体管 V 的集电极电压为 6V。

(3) 调信号源使 $f_0 \approx 16kHz$、$V_{in} = 10V_{p-p}$，用示波器监视输出波形，调 $2R_P$ 使失真最小，输出幅度最大，测量此时输出幅度，计算 A_u（电压放大倍数）。

(4) 微调信号源频率（幅度不变）使 V_{out} 最大，并记录此时的 f_0 及输出信号幅值。

(5) 改变信号源频率，使 f_0 分别为 f_0-2、f_0-1、$f_0-0.5$、$f_0+0.5$、f_0+1、f_0+2（kHz），分别测出相对应频率的输出幅度。

(6) 将电容 C 改接为 $0.047\mu F$，重复上述实验步骤。

2. LC 振荡器的研究

图 2-10-1 中去掉信号源，先将 $C=0.01\mu F$ 接入，断开 R_2。在不接通 B、C 两点的情况下令 $2R_P=0$，调 $1R_P$ 使 V 的集电极电压为 6V。

（1）振荡频率：

① 接通 B、C 两点，用示波器观察 A 点波形，调 $2R_P$ 使波形不失真，测量此时振荡频率，并与前面实验的选频放大器谐振频率比较。

② 将 C 改为 $0.047\mu F$，重复上述步骤。

（2）振荡幅度条件：

① 在上述形成稳定振荡的基础上，测量 V_b、V_c、V_A。求出 A_f 值，验证 A_f 是否等于 1。

② 调 $2R_P$，加大负反馈，观察振荡器是否会停振。

③ 在恢复振荡的情况下，在 A 点分别接入 20kΩ、1.5kΩ 负载电阻，观察输出波形的变化。

3. 影响输出波形的因素

（1）在输出波形不失真的情况下，调 $2R_P$，使 $2R_P \to 0$，即减小负反馈，观察振荡波形的变化。

（2）调 $1R_P$ 使波形不失真，然后调 $2R_P$ 观察振荡波形变化。

五、实验报告要求

（1）由实验内容 1 作出选频的 $|A_u|$-f_0 曲线。

（2）记录实验内容 2 的各步实验现象，并解释原因；

（3）总结负反馈对振荡幅度和波形的影响；

（4）分析静态工作点对振荡条件和波形的影响。

注：本实验中若无频率计，可用示波器测量波形周期再进行换算。

实验十一　有源滤波器

一、实验目的

（1）熟悉有源滤波器的构成及其特点；

（2）学会测量有源滤波器幅频特性。

二、实验设备

（1）模拟电子实验箱；（2）信号源；（3）示波器；（4）交流毫伏表。

三、预习要求

（1）预习教材有关滤波器内容；

（2）分析图 2-11-1～图 2-11-3 所示电路，写出它们的增益特性表达式；

（3）计算分析图 2-11-1、图 2-11-2 的截止频率，图 2-11-3 电路的中心频率；

（4）画出三个电路的曲线。

四、实验内容及步骤

滤波器是一种使一部分频率顺利地通过而另一部分频率受到较大衰减的电路，常用在信息的处理、数据的传送和干扰的抑制等方面。

1. 低通滤波器

它的功能是通过从零到某一截止频率的低频信号，而对大于某一截止频率的所有信号则完全衰减。

实验电路如图 2-11-1 所示。其中反馈电阻 R_F 选用 22kΩ 电位器，5.7kΩ 为设定值。按表 2-11-1 内容测量并记录。

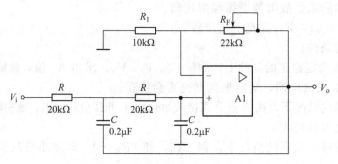

图 2-11-1　低通滤波电路

表 2-11-1　测量结果 （1）

V_i/V	1	1	1	1	1	1	1	1	1	1
f/Hz	5	10	15	30	60	100	150	200	300	400
V_o/V										

2. 高通滤波器

它的功能是对低于某一频率的频带为阻带，对高于某一频率的频带为通带。但实际上由于受到有源器件带宽的限制，高通滤波器的带宽也是有限的。

实验电路如图 2-11-2 所示，按表 2-11-2 内容测量并记录。

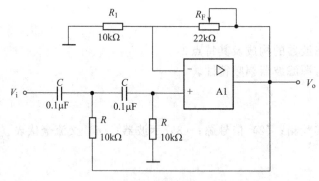

图 2-11-2　高通滤波电路

表 2-11-2　测量结果 （2）

V_i/V	1	1	1	1	1	1	1	1	1	1	1	1
f/Hz	10	16	50	100	130	160	180	200	300	400	500	600
V_o/V												

3. 带阻滤波

它的功能是在某一频带内为带阻，低于这个频带和高于这个频带均为带通。由于受有源器件带宽的限制，高通带也是有限的。带阻滤波器抑制频带中点所在的频率是它的中心频率。

实验电路如图 2-11-3 所示。

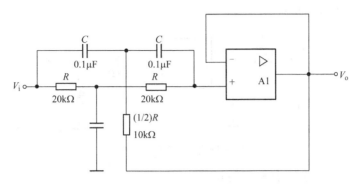

图 2-11-3　带阻滤波电路

（1）实测电路中心频率。
（2）以实测中心频率为中心，测出电路幅频特性。

五、实验报告要求

（1）整理实验数据，画出各电路曲线，并与计算值对比分析误差；
（2）如何组成带通滤波器？试设计一中心频率为 300Hz、主带宽 200Hz 的带通滤波器。

实验十二　电压比较器

一、实验目的

（1）掌握比较器的电路构成及特点；
（2）学会测试比较器的方法。

二、实验设备

（1）模拟电子实验箱；（2）信号源；（3）示波器；（4）交流毫伏表；（5）数字万用表。

三、预习要求

（1）分析图 2-12-1 电路，弄清以下问题：
① 比较器是否要调零？原因何在？
② 比较器两个输入电阻是否要求对称？为什么？
③ 运放两个输入端电位差如何估计？
（2）分析图 2-12-2 电路，计算：
① 使 V_o 由 $+V_{om}$ 变为 $-V_{om}$ 的 V_i 临界值（V_{om} 为稳压管的稳定电压值）。
② 使 V_o 由 $-V_{om}$ 变为 $+V_{om}$ 的 V_i 临界值。
③ 若由 V_i 输入有效值为 1V 正弦波，试画出 V_i-V_o 波形图。
（3）分析图 2-12-3 电路，重复（2）的各步骤。
（4）按预习内容准备记录表格及记录波形的坐标纸。

四、实验内容及步骤

1. 过零比较器

实验电路如图 2-12-1 所示。

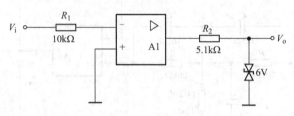

图 2-12-1 过零比较电路

(1) 按图接线，V_i 悬空时测 V_o 电压。

(2) V_i 输入有效值为 1V 的正弦波，观察 V_i-V_o 波形并记录。

(3) 改变 V_i 幅值，观察 V_o 变化。

2. 反相滞回比较器

实验电路如图 2-12-2 所示。

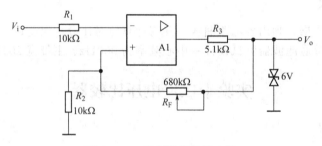

图 2-12-2 反相滞回比较电路

(1) 按图接线，并将 R_F 调为 100kΩ，V_i 接直流电压源，测出 V_o 由 $+V_{om}$ 变为 $-V_{om}$ 时 V_i 的临界值。

(2) 同上，测出 V_o 由 $-V_{om}$ 变为 $+V_{om}$ 的 V_i 临界值。

(3) V_i 接 500Hz 有效值 1V 的正弦波信号，观察并记录 V_i-V_o 波形。

(4) 将电路中 R_F 调为 200kΩ，重复上述实验。

3. 同相滞回比较器

实验电路如图 2-12-3 所示。

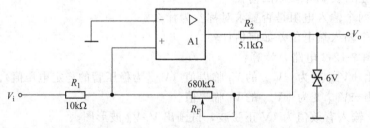

图 2-12-3 同相滞回比较电路

(1) 按图接线，并将 R_F 调为 100kΩ，V_i 接直流电压源，测出 V_o 由 $+V_{om}$ 变为 $-V_{om}$ 时

V_i 的临界值。

（2）同上，测出 V_o 由 $-V_{om}$ 变为 $+V_{om}$ 的 V_i 临界值。

（3）V_i 接 500Hz 有效值 1V 的正弦波信号，观察并记录 V_i-V_o 波形。

（4）将电路中 R_F 调为 200kΩ，重复上述实验。

（5）将实验结果与反相滞回比较器实验结果相比较。

五、实验报告要求

（1）整理实验数据及波形图，并与预习计算值比较；

（2）总结几种比较器特点。

实验十三　射极跟随器

一、实验目的

（1）掌握射极跟随器的特性及测量方法；

（2）进一步学习放大器各项参数测量方法。

二、实验设备

（1）模拟电子实验箱；（2）信号源；（3）示波器；（4）交流毫伏表；（5）数字万用表。

三、预习要求

（1）参照教材有关章节内容，熟悉射极跟随器原理及特点；

（2）根据图 2-13-1、图 2-13-2 的元器件参数，估算静态工作点。

四、实验原理及参考电路

图 2-13-1 所示为共集电极放大器的电路原理图，图 2-13-2 所示是它的交流通路。

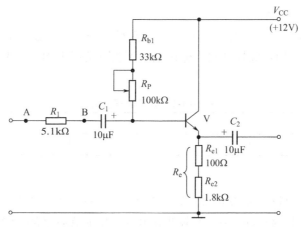

图 2-13-1　共集电极放大电路

由交流通路可见，晶体管的负载电阻是接在发射极和地（即集电极）之间，输入电压 V_i 加在基极和地之间，而输出电压 V_o 从发射极和集电极两端取出，所以集电极是输入、输出电路的共同端点，故称共集电极电路。又因为信号是从发射极输出，又称为射极输出器。

而射极输出器的电压放大倍数接近于 1，并且它的输出电压和输入电压是同相的，因此射极输出器又叫射极跟随器。

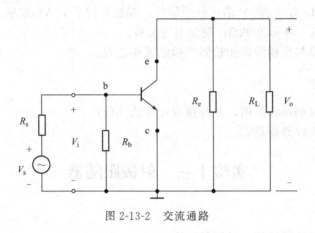

图 2-13-2　交流通路

五、实验内容与步骤

按图 2-13-1 连接电路，电源电压为 12V。

1. 直流工作点的调整

将电源 +12V 接上，在 B 点加 $f=1\text{kHz}$ 正弦波信号，输出端用示波器监视反复调整 R_P 及信号源输出幅度，使输出幅度在示波器屏幕上得到一个最大不失真波形，然后断开输入信号，用万用表测量晶体管各极对地的电位，即为该放大器静态工作点，将所测数据填入表 2-13-1 中。

表 2-13-1　测量数据（1）

V_e/V	V_b/V	V_c/V	$I_\text{e}=V_\text{e}/R_\text{e}$

2. 测量电压放大倍数 A_V

接入负载 $R_\text{L}=1\text{k}\Omega$，在 B 点加入 $f=1\text{kHz}$ 正弦波信号，调输入信号幅度（此时偏置电位器 R_P 不能再旋动），用示波器观察在输出最大不失真情况下测 V_i、V_L 值，将所测数据填入表 2-13-2 中。

表 2-13-2　测量数据（2）

V_i/V	V_L/V	$A_V=V_\text{L}/V_\text{i}$

3. 测量输出电阻 r_o

在 B 点加入 $f=1\text{kHz}$ 正弦波信号，$V_\text{i}=100\text{mV}$ 左右，接上负载 $R_\text{L}=2.2\text{k}\Omega$ 时，用示波器观察输出波形，测空载（$R_\text{L}=\infty$）输出电压 V_o 和带负载（$R_\text{L}=2.2\text{k}\Omega$）输出电压 V_L 的值。将所测数据填入表 2-13-3 中。

表 2-13-3　测量数据（3）

V_o/mV	V_L/mV	$R_\text{o}/\text{k}\Omega$

则 $R_o=\left(\dfrac{V_o}{V_L}-1\right)R_L$。

4.测量输入电阻 R_i（采用换算法）

在输入端串入 $5.1\mathrm{k}\Omega$ 电阻，A 点加入 $f=1\mathrm{kHz}$ 正弦波信号，用示波器观察输出波形，用交流毫伏表分别测量 A、B 点对地电压 V_s、V_i。将测量数据填入表 2-13-4 中。

表 2-13-4　测量数据（4）

V_s/V	V_i/V	$R_i/\mathrm{k}\Omega$

则 $R_i=\dfrac{V_i R}{V_s-V_i}=\dfrac{R}{\dfrac{V_s}{V_i}-1}$。

六、实验报告要求

（1）整理实验数据；

（2）将实验结果与理论计算比较，分析产生误差的原因。

实验十四　差动放大电路

一、实验目的

（1）熟悉差动放大器工作原理；

（2）掌握差动放大器的基本测试方法。

二、实验设备

（1）模拟电子实验箱；（2）信号源；（3）示波器；（4）交流毫伏表；（5）数字万用表。

三、预习要求

（1）计算图 2-14-1 的静态工作点（设 $r_{be}=3\mathrm{k}\Omega$，$\beta=100$）及电压放大倍数；

（2）在图 2-14-1 基础上画出单端输入和共模输入的电路。

四、实验原理及参考电路

差动放大电路是一种特殊的直接耦合放大电路，电路如图 2-14-1 所示。图中电路两边完全对称，即两管型号相同、特性相同、各对应的电阻相等。差动放大电路可以抑制零点漂移，其抑制效果长尾式比基本式好，恒流源式比长尾式好。由于差动放大电路可以放大直流信号所以本实验的输入信号采用了直流量。对直流信号放大电路，分析其动态参数是指直流信号的变化量；就其变化量而言，与分析交流信号放大电路方法相同，差动放大电路能放大差模信号，抑制共模信号。差模信号指两个输入端输入大小相等、极性相反的信号；共模信号指两个输入端输入大小相等、极性相同的信号。差动放大电路抑制零点漂移的能力可用共模抑制比 CMRR 表示，其定义为 $CMRR=\mid A_d/A_c\mid$，A_d 为差模放大倍数，A_c 为共模放大倍数。

差动放大电路的输入、输出方式有单端输入、双端输入、单端输出、双端输出四种组合。

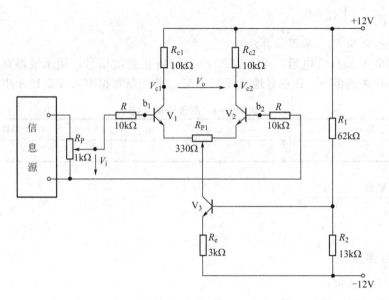

图 2-14-1 差动放大电路

五、实验内容及步骤

按图 2-14-1 连接电路，电源电压为±12V 双电源。

1. 静态工作点测试

（1）调零。将输入端短路并接地，调节电位器 R_{P1} 使双端输出电压 $V_o=0$。

（2）测量静态工作点。用万用表测量三极管 V_1、V_2、V_3 各极对地电压（电位），结果填入表 2-14-1 中。

表 2-14-1 测量结果（1）　　　　　　　　　　　　　　　　　　　　　单位：V

V_{c1}	V_{c2}	V_{c3}	V_{b1}	V_{b2}	V_{b3}	V_{c1}	V_{c2}	V_{c3}

2. 测量差模电压放大倍数

在输入端加入直流电压信号 $V_{id}=\pm 100\text{mV}$，按表 2-14-2 要求测量并记录，由测量数据算出单端和双端输出的电压放大倍数（注意先调好 DC 信号的 OUT1 和 OUT2，使其分别为+100mV 和−100mV 再接入）。

表 2-14-2 测量结果（2）

输入信号 V_i	差模输入						共模输入						共模抑制比
	测量值/V			计算值			测量值/V			计算值			计算值
	V_{c1}	V_{c2}	$V_{o双}$	A_{d1}	A_{d2}	$A_{d双}$	V_{c1}	V_{c2}	$V_{o双}$	A_{c1}	A_{c2}	$A_{c双}$	$CMRR$
+100mV													
−100mV													

3.测量共模电压放大倍数

将输入端 b_1、b_2 短接，接到信号源的输入端，信号源另一端接地。注意先调好 DC 信号的 OUT1 和 OUT2，使其分别为 $+0.1V$ 和 $-0.1V$，DC 信号先后接 OUT1 和 OUT2，分别测量并填入表 2-14-2，由测量数据算出单端和双端输出的电压放大倍数，进一步算出共模抑制比：

$$CMRR = \left| \frac{A_d}{A_c} \right|$$

4.在实验板上组成单端输入的差放电路进行下列实验

（1）在图 2-14-1 中将 b_2 接地，组成单端输入差动放大器，从 b_1 端输入直流信号 $V_i = \pm 0.1V$，测量单端及双端输出电压值，填入表 2-14-3 中。计算单端输入时的单端及双端输出的电压放大倍数，并与双端输入时的单端及双端差模电压放大倍数进行比较。

表 2-14-3 测量结果 (3)

输入信号	电压值/V			放大倍数 A_V		
	V_{c1}	V_{c2}	$V_{o双}$	A_1	A_2	$A_双$
直流 $+0.1V$						
直流 $-0.1V$						
正弦信号(50mV,1kHz)						

（2）从 b_1 端加入正弦交流信号 $V_i = 0.05V$，$f = 1000Hz$（b_2 接地），分别测量、记录单端及双端输出电压，填入表 2-14-3 中，计算单端及双端的差模放大倍数（注意：输入交流信号时，用示波器监视波形，若有失真现象时，可减小输入电压值，使 V_{c1}、V_{c2} 都不失真为止）。

六、实验报告与要求

（1）根据实测数据计算图 2-14-1 电路的静态工作点并与预习计算结果相比较；
（2）整理实验数据，计算各种接法的 A_d，并与理论计算相比较；
（3）计算实验步骤 3 中 A_c 和 $CMRR$ 值；
（4）总结差动电路的性能和特点。

实验十五 集成功率放大器

一、实验目的

（1）熟悉集成功率放大器的特点；
（2）掌握集成功率放大器的主要性能指标及测量方法。

二、实验设备

（1）模拟电子实验箱；（2）信号源；（3）示波器；（4）交流毫伏表；（5）数字万用表。

三、预习要求

（1）复习集成功率放大器工作原理，对照图 2-15-1 分析电路工作原理；
（2）在图 2-15-1 中，若 $V_{CC} = 12V$，$R_L = 8\Omega$，估算该电路 P_{cm}、P_v 的值；

（3）阅读实验内容，准备记录表格。

四、实验内容及步骤

（1）实验电路如图 2-15-1 所示，电源电压为 12V，不加信号时测静态工作电流。

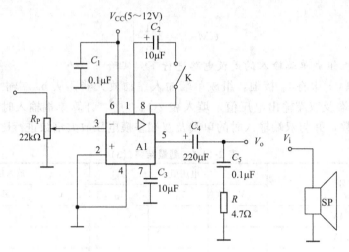

图 2-15-1　集成功率放大器

（2）在输入端接 1kHz 信号，用示波器观察输出波形，逐渐增加输入信号电压，直至出现失真为止，测量此时输入、输出电压值。

（3）去掉 10μF 电容，重复上述实验。

（4）改变电源电压（5V、9V 两挡），重复上述实验。

五、实验报告要求

（1）根据实验测量值，计算各种情况下 P_{om}、P_v 及 η（效率）；

（2）做出电源电压与输出电压、输出功率的关系曲线。

实验十六　集成稳压器

一、实验目的

（1）了解集成稳压器特性和使用方法；

（2）掌握直流稳压电源主要参数测试方法。

二、实验设备

（1）模拟电子实验箱；（2）信号源；（3）示波器；（4）交流毫伏表。

三、预习要求

（1）复习教材直流稳压电源部分关于电源主要参数及测试方法的部分；

（2）查阅手册，了解本实验使用稳压器的技术参数；

（3）计算图 2-16-5 电路中 $1R_P$ 的值，估算图 2-16-3 电路输出电压范围；

（4）拟定实验步骤及记录表格。

四、实验内容及步骤

三端集成稳压器有三个端子：输入端、输出端和公共端。它的输出电流在1A以上，有健全的保护电路，工作安全可靠，使用简便，稳定性能好。三端集成稳压器 W7805（78L05是其中一种）是一种串联型稳压器，它由启动电路、基准电压、误差放大器、取样电路、调整及保护电路等组成。管脚1为不稳定的输入端，管脚2为稳定的输出端，输入端接整流滤波输出端，输出端接负载，接线十分简便。当输入端远离整流滤波电路时，需外接电容 C_1，用以减小纹波电压，C_o 用以改善负载的顺态响应。

实验电路如图2-16-1所示。

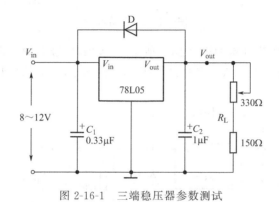

图 2-16-1　三端稳压器参数测试

1.稳压器的测试

（1）稳定输出电压。

（2）电压调整率。

（3）电流调整率。

（4）纹波电压（有效值或峰值）。

2.稳压器性能测试

测试直流稳压电源性能，仍用图2-16-1的电路。

（1）保持稳定输出电压的最小输入电压。

（2）输出电流最大值及过流保护性能。

3.三端稳压器灵活应用（选做）

（1）改变输出电压。实验电路如图2-16-2、图2-16-3所示，按图接线，测量上述电路输出电压及变化范围。

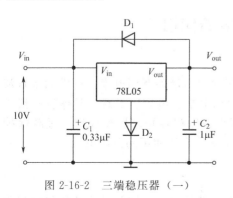

图 2-16-2　三端稳压器（一）

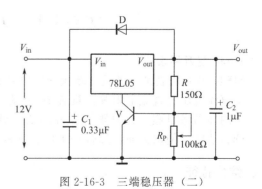

图 2-16-3　三端稳压器（二）

（2）组成恒流源。实验电路如图 2-16-4 所示，按图接线，并测试电路恒流作用。

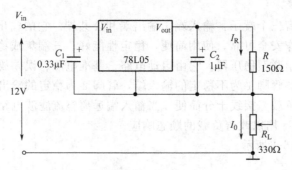

图 2-16-4　恒流源

（3）可调稳压器。实验电路如图 2-16-5 所示，LM317L 最大输入电压 40V，输出 1.25～37V，可调最大输出电流 100mA（本实验只加 15V 输入电压），按图接线，并测试：

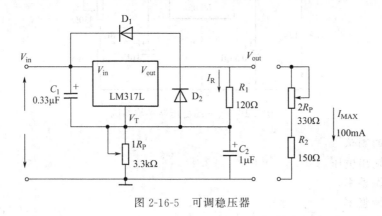

图 2-16-5　可调稳压器

① 电压输出范围。
② 按实验内容 1 测试各项指标。测试时将输出电压调到最高输出电压。

五、实验报告要求

（1）整理实验报告，计算内容 1 的各项参数；
（2）画出实验内容 2 的输出保护特性曲线；
（3）总结本实验所用两种三端稳压器的应用方法。

实验十七　万用表的使用

MF47 型万用表

MF47 型万用表是一种设计新颖的磁电系整流便携式多量限万用电表，可供测量直流电流、交直流电压、直流电阻等，具有 26 个基本量程和电平、电容、电感、晶体管直流参数等 7 个附加参考量程，是量限多、分挡细、灵敏度高、体积轻巧、性能稳定、过载保护可靠、读数清晰、使用方便，适合于工厂、学校、实验室等广泛使用的万用电表。

一、结构特征

MF47 型万用表造型大方、设计紧凑、结构牢固、携带方便，零部件均选用优良材料并经工艺处理，具有良好的电气性能和机械强度，其使用范围可替代一般中型万用表，具有以下特点：

（1）测量机构采用高灵敏度表头，性能稳定，并置于单独的表壳之中，保证密封性和延长使用寿命，表头罩采用塑料框架和玻璃相结合的新颖设计，避免静电的产生，以保持测量精度。

（2）线路板采用塑料压制，保证可靠、耐磨、整齐、维修方便。

（3）测量机构采用硅二极管保护，保证电流过载时不损坏表头，线路设有 0.5A 熔丝装置以防止误用时烧坏电路。

（4）设计上考虑了温度和频率补偿，使温度影响小、频率范围宽。

（5）低电阻挡选用 2 号干电池，容量大、寿命长。两组电池装于盒内，换电池时只需卸下电池盖板，不必打开表盒。

（6）若配以专用高压探头可以测量电视接收机内 25kV 以下高压。

（7）设计了一挡三极管静态直流电流放大系数检测装置以供在临时情况下检查三极管之用。

（8）标度盘与开关指示盘印制成红、绿、黑三色分别按交流红色、晶体管绿色、其余黑色对应制成，使用时读取示数便捷。标度盘共有六条刻度，第一条专供测电阻用；第二条供交直电压、直流电流之用；第三条供测晶体管放大倍数用；第四条供测量电容之用；第五条供测电感之用；第六条供测音频电平。标度盘上装有反光镜，消除视差。

（9）除交直流 2500V 和直流 5A 分别有单独插座之外，其余各挡只需转动一个选择开关，使用方便。

（10）采用整体软塑测试棒，以保持长期良好使用。

（11）装有把手，不仅可以携带，且可在必要时作倾斜支撑，便于读数。

二、技术规范

工作温度 0～40℃；

相对湿度不超过 85%；

技术性指标符合 GB 7676—2017 国家标准；

技术性指标符合 IEC51 国际标准；

外形尺寸：165mm×112mm×49mm；

质量：0.8kg（不包括电池）。

表 2-17-1 所示为万用表参数。

表 2-17-1　万用表参数

量限范围		灵敏度及电压降	精度	误差表示方法
直流电流	0～0.05mA；0～0.5mA；0～5mA；0～50mA；0～500mA；0～5A	0.3V	2.5	
直流电压	0～0.25V；0～1V；0～2.5V；0～10V；0～50V；0～250V；0～500V；0～1000V；0～2500V	20000Ω/V	2.5 5	以上量限的百分比计算
交流电压	0～10V；0～50V；0～250V；0～500V；0～1000V；0～2500V	40000Ω/V	5	

	量限范围	灵敏度及电压降	精度	误差表示方法
直流电阻	$R\times1\Omega$、$R\times10\Omega$、$R\times100\Omega$、$R\times1k$、$R\times10k$	$R\times1$ 中心刻度为 16.5Ω	2.5	以标准尺弧长的百分比计算
			10	以指示值的百分数计算
音频电平	$-10\sim+22dB$	0dB=1mW/600Ω		
晶体管直流电流放大系数	$0\sim300h_{FE}$	—		
电感	$20\sim1000H$	—		
电容	$0.001\sim0.3\mu F$	—		

三、使用方法

在使用前应检查指针是否指在机械零位上，如不指在零位时，可旋转表盖上的调零器，使指针指示在零位上。

将测试棒红黑插头分别插入"＋""－"插座中，如测量交\直流 2500V 或直流 5A 时，红插头则应分别插到标有"2500V"或"5A"的插座中。

1. 直流电流测量

测量 $0.05\sim500mA$ 时，转动开关至所需电流挡；测量 5A 时，转动开关可放在 500mA 直流电流量限上，而后将测试棒串接于电路中。

2. 交直流电压测量

测量交流 $10\sim1000V$ 或直流 $0.25\sim1000V$ 时，转动开关至所需电压挡。测量交直流 2500V 时，开关应分别旋至交流 1000V 或直流 1000V 位置上，而后将测试棒跨接于被测电路两端。

若配以专用高压探头可测量电视机 $\leqslant25kV$ 的高压，测量时开关应放在 $50\mu A$ 位置上，高压探头的红黑插头分别插入"＋""－"插座中，接地夹与电视机金属底板连接，而后握住探头进行测量。

3. 电阻测量

装上电池（R14 型 2 号 1.5V 及 F22 型 9V 各一只），转动开关至所需测量的电阻挡，将测试棒两端短接，调整欧姆调零旋钮，使指针对准欧姆"0"位上，然后分开测试棒进行测量。测量电路中的电阻时，应先切断电源，如电路中有电容则应先行放电。

当检查电解电容器漏电电阻时，可转动开关至 $R\times1k$ 挡，测试棒红杆必须接电容器负极，黑杆接电容器正极。

4. 音频电平测量

在一定的负荷阻抗上，用以测量放大极的增益和线路输送的损耗，测量单位以 dB 表示。音频电平与功率电压的关系式是：

$$N\ (dB)\ =10lg'\ (P_2/P_1)\ =20lg\ (U_2/U_1)$$

音频电平的刻度系数按 0dB=1mW/600Ω 输送线标准设计。

即 $U_1=\sqrt{PZ}=\sqrt{0.001\times600}=0.775V$

式中，P_2、U_2 分别为被测功率或被测电压。

音频电平以交流 10V 为基准刻度，如指示值大于 +22dB 时，可在 50V 以上各量限测量，其示值可按表 2-17-2 所示值修正。

表 2-17-2　各量限修正值

量限	按电平刻度增加值/dB	电平的测量范围/dB
10V	—	$-10\sim+22$
50V	14	$+4\sim+36$
250V	28	$+1\sim+50$
500V	34	$+24\sim+56$

测量方法与交流电压基本相似，转动开关至相应的交流电压挡，并使指针有较大的偏转。如被测电路中带有直流电压成分时，可在"＋"插座中串接一个 $0.1\mu F$ 的隔直流电容器。

5.电容测量

转动开关至交流 10V 位置，被测电容串接于任一测试棒，而后跨接于 10V 交流电路中进行测量。

6.电感测量

与电容测量方法相同。

7.晶体管直流参数的测量

（1）直流放大倍数 h_{FE} 的测量。先转动开关至晶体管调节 ADJ 位置上，将红黑测试棒短接，调节欧姆电位器，使指针对准 $300h_{FE}$ 刻度线上，然后转动开关到 h_{FE} 位置，将要测的晶体管分别插入晶体管测量座的 ebc 管座内，指针偏转所示值约为晶体管放大倍数值。N 型晶体管应插入 N 型管孔内，P 型晶体管应插入 P 型管孔内。

（2）反向截止电流 I_{ceo}、I_{cbo} 的测量。I_{ceo} 为集电极与发射极间的反向截止电流（基极开路）。I_{cbo} 为集电极与基极间的反向截止电流（发射极开路）。转动开关至 $R\times1k$ 位置，将红黑测试棒短接，调节零欧姆电位器，使指针对准零欧姆（此时满度电流值约 $90\mu A$）。分开测试棒，然后将要测的晶体管按图插入管座内，此时指针指示的数值约为晶体管的反向截止电流值。指针指示的刻度值乘上 1.2 即为实际值。

当 I_{ceo} 电流值大于 $90\mu A$ 时可换用 $R\times100$ 挡进行测量（此时满度电流值约 $900\mu A$）。N 型晶体管应插入 N 型管座，P 型晶体管应插入 P 型管座。

（3）三极管管脚极性的判别：

① 先判定基极 b。可用 $R\times1k$ 挡进行，由于 b 到 c、b 到 e 分别是两个 PN 结，它的反向电阻很大，而正向电阻很小。测试时可任意取晶体管一脚假定为基极。将红测试棒接"基极"，将黑测试棒分别去接触另两个管脚，如此时测得的都是低阻值，则红测试棒所接触的管脚即为基极 b，并且是 P 型管（如用上述方法测得均为高阻值，则为 N 型管）。如测量时两个管脚的阻值差异很大，可另选一个管脚假定为基极，直至满足上述条件为止。

② 再假定集电极 c。对于 PNP 型三极管，当集电极接负电压、发射极接正电压时，电流放大倍数才比较大，而 NPN 型管则相反。测试时假定红测试棒接集电极 c，黑测试棒接发射极 e，记下其阻值，而后红黑测试棒交换测试，又测得比前一次测得的阻值大时，说明假设正确且是 PNP 型三极管。反之则是 NPN 型管。

（4）二极管极性判别。测试时可用 $R\times1k$ 挡，黑测试棒一端测得阻值小的一极为正极。万用表在欧姆电路中，红测试棒为电池负极，黑测试棒为电池正极。

注意：以上介绍的测试方法，一般都只能用 $R\times100$、$R\times1k$ 挡，如果用 $R\times10k$ 挡则因表内有 9V 的较高电压，可能将三极管的 PN 结击穿，若用 $R\times1k$ 挡测量，因电流过大

（约 60mA），也可能损坏管子。

四、注意事项

（1）万用表虽有双重保护装置，但使用时仍应遵守规程，避免意外损失。

（2）测量未知的电压或电流时，应先选择最高量程，待第一次读取数值后，方可逐渐转至适当量程，以读取较准读数并避免烧坏电路。

（3）如偶然发生因过载而烧断熔丝时，可打开表盒换上相同型号的熔丝。

（4）测量高压时，要站在干燥绝缘板上，并一手操作，防止意外事故。

（5）电阻各挡用干电池应定期检查、更换以保证测量精度。如长期不用应取出电池，以防止电液溢出腐蚀而损坏其他零件。

（6）仪表应保存在室温 0～40℃，相对湿度不超过 85％，并不含腐蚀性气体的场所。

VC8145 型数字万用表

数字万用表是采用集成电路模/数转换器和液晶显示器，将被测量的数值直接以数字形式显示出来的一种电子测量仪表。具有结构简单、测量精度高、输入阻抗高、显示直观、过载能力强、功能全、耗电省、自动量程转换等优点，许多数字万用表还带有测量电容、频率、温度等功能，因此深受人们喜欢，已有取代指针式万用表的趋势。

数字万用表的分类很杂，按其结构可以分为台式数字万用表和手持式数字万用表，根据其是否带有微处理器又可以划分为传统 A/D 转换型数字万用表和智能型数字万用表，而按照其位数还可以划分为 3 位半数字万用表、4 位半数字万用表等。虽然数字万用表的型号很多，但功能大体相同，这里主要介绍 VC8145 数字台式万用表的基本工作原理、面板结构和使用方法。

一、基本工作原理

数字万用表是在直流数字电压表的基础上扩展而成的，数字直流电压表由阻容滤波器、A/D 转换器、LED 显示器组成。为了能测量交流电压、电流、电阻、电容、二极管正向压降、晶体管放大系数等电量，必须增加相应的转换器，比如增加交流-直流（AC-DC）转换器、电流-电压（I-V）转换器和电阻-电压（Ω-V）转换器，将被测电量转换成直流电压信号，再由 A/D 转换器转换成数字量，并以数字形式显示出来。

二、面板结构

（1）液晶显示器：具有多重显示功能，无论在任何功能状态下，显示器上均能显示所测量信号的两个、三个或更多个相关读数和符号，显示位数为五位，最大显示数为 19999，若超过此数值，则显示 0L。

（2）电源开关：开关拨至"ON"时，表内电源接通，可以正常工作，拨至"OFF"时则关闭电源。

（3）输入插座：黑表笔始终插在"COM"插孔内，红表笔可以根据测量种类和测量范围分别插入"VΩHz""mA""20A"插孔中。在"COM"和"VΩHz"之间的连线上，印有标记，表示从此两孔输入时，测交流电压不得超过 750V，测直流电压不得超过 1000V。此时测量电压、电阻、电容、频率都处于同一插孔内，因此应谨慎检查选择的功能开关是否正确。在"COM"和"mA"之间和"COM"和"20A"之间的连线上也分别附有标记，表示在对应的插孔之间所测量的电流值不能超过 800mA 和 20A。

（4）功能键开关：用来转换测量种类或量程。有直流电压开关、交流电压开关、交直流 mV 电压开关、交直流 mA 电流开关、交直流 20A 电流开关、电阻开关、电容开关、二极管通断检查开关、频率占空比开关、温度开关、方波输出开关、背光开关。

（5）辅助功能键开关：

① SELECT（状态选择键）。仪表开机后按 SELECT 键可选出需要的状态，仪表作为方波信号输出时，按 SELECT 键改变方波信号的占空比，每按一次占空比改变 1%，占空比可变范围是 1%～99%。

② RANGE（量程选择键）。仪表开机后处于自动量程状态（AUTO），按 RANGE 键触发同一功能挡转换各量程，短促按 RANGE 键可选择所需要的量程范围，按一次转换一个量程，按 RANGE 键＞2s，仪表回到自动量程状态（AUTO）。

③ MAX/MIN（动态记录键）。按 MAX/MIN 键仪表进入记录模式，能在变化的输入信号中捕获并记录信号的最大值（MAX）、最小值（MIN）、差值（MAX－MIN），并计算所读数的平均值（AVG），在 MAX/MIN 状态下，记录时间为 36h，持续按 MAX/MIN 键＞2s，仪表回到一般状态。

④ TIMER RS232（定时及通信接口键）。按 TIMER 键可启动副显示显示时间功能，再按一下可关闭。在副显示时间功能时，再按 SELECT 键可进入 Beeper 设定计时功能。开机同时启动 RS232 仪表通信功能，RS232 符号出现在显示器上，实现仪表与外部设备（如计算机、数据记录仪、数据分析仪、打印机等）的通信，持续按 TIMER 键＞2s，仪表退出 RS232 功能，回到一般状态。

⑤ HOLD（自动保持键）。按 HOLD 键进入数据保持模式，显示"A-H"符合，持续按 HOLD 键＞2s，仪表退出数据保持模式。

⑥ 2nd VIEW（副显示功能键）。按 2nd VIEW 键切换副显示上各种功能，并显示出来。

⑦ REL（相对值键）。按 REL 键仪表进入相对测量功能状态，"REL"符号同时出现，相对测量功能表示测量值和参考值两者之差，持续按 REL 键＞2s，仪表回到一般状态，显示器上"REL"符号消失。

⑧ SET（预置键）。在相对测量时，设置参考值。

三、使用方法

将电源开关按下（推至 ON 挡），数字万用表开机并默认为直流电压挡位（AUTO 状态），如果需要测量其他量，那么需要按相应的功能按键来进行测量，换挡初始时都默认 AUTO 状态。

1.直流电压的测量

按 RANGE 键切换到手动模式，再按 RANGE 键选择挡位量程（8V、80V、800V、8000V），四个量程依次循环，按住 RANGE＞2s 回到 AUTO 状态。测量时把黑表笔插入"COM"插孔内，红表笔插入"VΩHz"插孔内，把红黑表笔接触相应的测试点进行测量，读数时注意小数点位置，测量电压不允许高于 1000V。

2.交流电压的测量

按 RANGE 键切换到手动模式，再按 RANGE 键选择挡位量程（8V、80V、800V），三个量程依次循环，按住 RANGE＞2s 回到 AUTO 状态，测量电压不允许高于 750V。

3.毫伏（mV）电压的测量

按 SELECT 键选择 DC/AC/dB 三种测量状态，三种测量状态依次循环。按 RANGE 键切换到手动模式，再按 RANGE 键选择挡位量程（80mV、800mV），两个量程依次循环，按住 RANGE>2s 回到 AUTO 状态。输入阻抗大于 1000MΩ，在表笔开路状态下，容易受到外部的干扰，显示器上会出现不规则的数字，不会影响测量结果，表笔短接时出现全零或有几个数字也是正常的。

4.毫安（mA）电流的测量

按 SELECT 键选择 DC/AC/DC＋AC/AC＋Hz 四种测量状态，四种测量状态依次循环。按 RANGE 键切换到手动模式，再按 RANGE 键选择挡位量程（80mA、800mA），两个量程依次循环，按住 RANGE>2s 回到 AUTO 状态。

5.安培电流（20A）的测量

按 SELECT 键选择 DC/AC/DC＋AC/AC＋Hz 四种测量状态，四种测量状态依次循环。按 RANGE 键切换到手动模式，再按 RANGE 键选择挡位量程（8A、80A），两个量程依次循环，按住 RANGE>2s 回到 AUTO 状态。

6.电阻的测量

按 SELECT 键选择一般电阻测量、通断测试以及高电阻挡三种测量状态，三种测量状态依次循环。选择一般电阻测量时，按 RANGE 键切换到手动模式，再按 RANGE 键选择挡位量程（800Ω、8kΩ、80kΩ、800kΩ、8MΩ、80MΩ），六个量程依次循环，按住 RANGE>2s 回到 AUTO 状态。通断测试固定 800Ω 量程，当被测电阻低于 60Ω 时蜂鸣器发声。高电阻挡测量应在待测电阻大于 10MΩ 时使用，小于 10MΩ 或大于 8000MΩ 时均会显示 0L，在高阻模式下，只有一个 8000MΩ 量程。

7.电容的测量

按 RANGE 键切换到手动模式，再按 RANGE 键选择挡位量程（1nF、10nF、100nF、1μF、10μF、100μF），六个量程依次循环，按住 RANGE>2s 回到 AUTO 状态。每一个量程的测量大约需要数秒时间，只有显示值稳定时的读数才是被测电容的电容值，电容器的充电可达 1.2V。

8.二极管的测量

测量二极管的正向电压值（固定在直流 8V 挡），无手动模式，电压>2V 表示二极管开路或接反，电压在 0.1~2V 之间表示二极管正常，电压在 0~0.1V 之间表示二极管短路，蜂鸣器发声提示。

9.频率（Hz）的测量

按 SELECT 键选择一般频率测量、高频模式以及 RPM 三种测量状态，三种测量状态依次循环。所有频率测量都处于 AUTO 状态，无手动模式，一般频率测量范围在 8MHz 以内，高频模式测量范围在 8~1280MHz 之间。

10.温度的测量

按 SELECT 键选择环境温度测量和热电偶测量两种测量状态，两种测量状态依次循环。环境温度测量范围为 0~80℃，热电偶测量范围为 −50~1372℃，无手动模式。

四、注意事项

（1）数字万用表使用和存放应避免高温、潮湿、阳光直射和强烈振动的环境。

（2）可以通过测量已知电压的方式确认仪表工作是否正常，若不正常应及时维修。

（3）测量时必须正确使用仪表的插座端子，正确选择功能开关和量程挡。

（4）任何情况下都不允许用电流挡测量电压。

（5）为避免仪表或被测设备损坏，测量电阻、电容、二极管之前，应先切断电源，并把所有的电容器放电。

（6）对 42V 交流或 60V 直流以上的电压，测量时要小心，这类电压会有电击的危险，测量时必须把手指放在表笔护指装置后面。

（7）当测量工作完成时，要关闭电源开关（拨至"OFF"）。

实验十八　集成直流稳压电源设计

一、实验目的

（1）掌握用变压器、整流二极管、滤波电容及集成稳压器来设计直流稳压电源；

（2）掌握直流稳压电路的调试及主要技术指标的测试方法。

二、设计任务

1. 集成稳压电源的主要技术指标

（1）同时输出 $\pm 5V$ 电压、输出电流为 2A。

（2）输出纹波电压小于 5mV，稳压系数小于 5×10^{-3}；输出内阻小于 0.1Ω。

（3）加输出保护电路，最大输出电流不超过 2A。

2. 设计要求

（1）电源变压器只做理论设计。

（2）合理选择集成稳压器及扩流三极管。

（3）保护电路拟采用限流型。

（4）完成全电路理论设计、安装调试，绘制电路图，自制印制电路板。

（5）撰写设计报告、调试总结报告及使用说明书。

三、基本原理

1. 直流稳压电源的基本原理

直流稳压电源一般由电源变压器 T、整流滤波电路及稳压电路组成，基本框图如图 2-18-1 所示。各部分电路的作用如下：

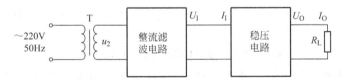

图 2-18-1　直流稳压电源基本组成框图

（1）电源变压器 T 的作用是将电网 220V 的交流电压变换成整流滤波电路所需要的交流电压 u_2。

变压器副边与原边的功率比为：

$P_2/P_1 = \eta$，η 为变压器的效率。

（2）整流滤波电路。整流电路将交流电压 u_2 变换成脉动的直流电压，再经滤波电路滤出纹波，输出直流电压 U_1。

常用的整流滤波电路有全波整流滤波电路、桥式整流滤波电路、倍压整流滤波电路，如图 2-18-2 所示。

各滤波电容 C 满足：

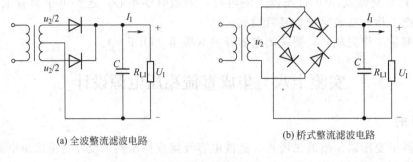

(a) 全波整流滤波电路 (b) 桥式整流滤波电路

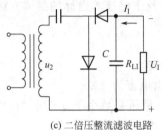

(c) 二倍压整流滤波电路

图 2-18-2　几种常见整流滤波电路

$$R_{L1}C = (3\sim5)\frac{T}{2}$$

式中，T 为输入交流信号周期；R_{L1} 为整流滤波电路的等效负载电阻。

（3）三端集成稳压器。常用的集成稳压器有固定式与可调式三端稳压器（均属电压串联型），下面分别介绍其典型应用。

① 固定三端稳压器。正压系列：78××系列，该系列稳压块有过流、过热和调整管安全工作区保护，以防过载而损坏。一般不需外接元件即可工作，有时为改善性能也加少量元件。78××系列又分三个子系列，即 78××、78M××、78L××。其差别只在输出电流和外形，78×× 输出电流为 1.5A，78M×× 系列输出电流为 0.5A、78L×× 输出电流为 0.1A。

负压系列：79××系列与78××系列相比除了输出电压极性、引脚定义不同外，其他特点都相同。

78××系列、79××系列的典型电路见图 2-18-3 所示。

② 可调式三端集成稳压器。正压系列：W317 系列稳压块能在输出电压为 1.25～37V 的范围内连续可调，外接元件只需一个固定电阻和一只电位器，其芯片内也有过流、过热和安全工作区保护，最大输出电流为1.5A。其典型电路如图 2-18-4 所示，其中电阻 R_1 与电位器 R_P 组成电压输出调节电器，输出电压 U_O 的表达式为：

$$U_O \approx 1.25 (1+R_P/R_1)$$

式中，R_1 一般取值为120～240Ω。输出端与调整压差为稳压器的基准电压（典型值为1.25V，所以流经电阻 R_1 的泄放电流为 5～10mA。

负压系列：W337 系列，与 W317 系列相比，除了输出电压极性、引脚定义不同外，其他特点都相同。

2.稳压电源的性能指标及测试方法

稳压电源的技术指标分为两种：一种是特性指标，包括允许的输入电压、输出电压、输出电流及输出电压调节范围等；另一种是质量指标，用来衡量输出直流电压的稳定程度，包

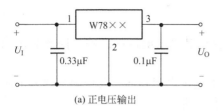
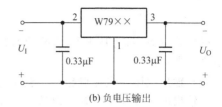

(a) 正电压输出　　　　　　　　　　　　　　　　　(b) 负电压输出

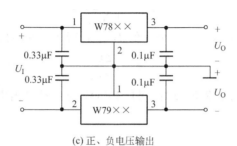

(c) 正、负电压输出

图 2-18-3　固定三端稳压器的典型电路

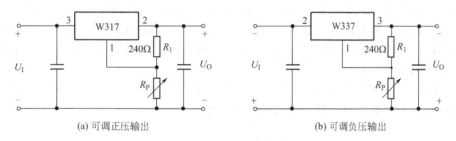

(a) 可调正压输出　　　　　　　　　　　　　　　(b) 可调负压输出

图 2-18-4　可调式三端集成稳压器的典型电路

括稳压系数（或电压调整率）、输出电阻（或电流调整率）、温度系数及纹波电压等。测试电路如图 2-18-5 所示。这些质量指标的含义，可简述如下：

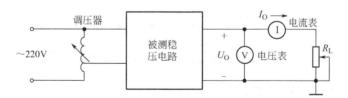

图 2-18-5　稳压电源性能指标测试电路

（1）纹波电压。纹波电压是指叠加在输出电压 U_O 上的交流分量。用示波器观测其峰-峰值，ΔU_{opp} 一般为毫伏量级。也可以用交流电压表测量其有效值，但因 ΔU_O 不是正弦波，所以用有效值衡量其纹波电压存在一定误差。

（2）稳压系数及电压调整率。稳压系数：在负载电流、环境温度不变的情况下，输入电压的相对变化引起输出电压的相对变化，即：

$$S_u = \frac{\Delta U_O / U_O}{\Delta U_I / U_I}$$

电压调整率：输入电压相对变化为 ±10% 时的输出电压相对变化量，即：

$$K_\mathrm{u} = \frac{\Delta U_\mathrm{O}}{U_\mathrm{O}}$$

稳压系数 S_u 和电压调整率 K_u 均说明输入电压变化对输出电压的影响，因此只需测试其中之一即可。

（3）输出电阻及电流调整率。输出电阻：放大器的输出电阻相同，其值为当输入电压不变时，输出电压变化量与输出电流变化量之比的绝对值，即：

$$r_\mathrm{O} = \frac{|\Delta U_\mathrm{O}|}{|\Delta I_\mathrm{O}|}$$

电流调整率：输出电流从 0 变到最大值 I_Lmax 时所产生的输出电压相对变化值，即：

$$K_\mathrm{i} = \frac{\Delta U_\mathrm{O}}{U_\mathrm{O}}$$

输出电阻 r_O 和电流调整率 K_i 均说明负载电流变化对输出电压的影响，因此也只需测试其中之一即可。

四、设计指导

直流稳压电源的一般设计思路为：由输出电压 U_O、电流 I_O 确定稳压电路形式，通过计算极限参数（电压、电流和功耗）选择器件；由稳压电路所要求的直流电压（U_I）、直流电流（I_I）输入确定整流滤波电路形式，选择整流二极管及滤波电容并确定变压器的副边电压 u_2 的有效值、电流 i_2（有效值）及变压器功率。最后由电路的最大功耗工作条件确定稳压器、扩流功率管的散热措施。

图 2-18-6 为集成稳压电源的典型电路。其主要器件有变压器 Tr、整流二极管 VD_1～VD_4、滤波电容 C、集成稳压器及测试用的负载电阻 R_L。

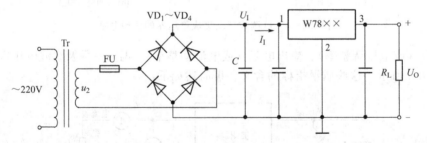

图 2-18-6　集成稳压电源的典型电路

下面介绍这些器件选择的一般原则。

1. 集成稳压器

稳压电路输入电压 U_I 的确定：

为保证稳压器在电网量低时仍处于稳压状态，要求：

$$U_\mathrm{I} \geqslant U_\mathrm{Omax} + (U_\mathrm{I} - U_\mathrm{O})_\mathrm{min}$$

式中，$U_\mathrm{I} - U_\mathrm{O}$ 是稳压器的最小输入输出压差，典型值为 3V。按一般电源指标的要求，当输入交流电压 220V 变化±10％时，电源应稳压。所以稳压电路的最低输入电压 $U_\mathrm{Imin} \approx [U_\mathrm{Omax} + (U_\mathrm{I} - U_\mathrm{O})] / 0.9$。

另一方面，为保证稳压器安全工作，要求：

$$U_\mathrm{I} \leqslant U_\mathrm{Omin} + (U_\mathrm{I} - U_\mathrm{O})_\mathrm{max}$$

式中，$U_\mathrm{I} - U_\mathrm{O}$ 是稳压器允许的最大输入输出压差，典型值为 35V。

2.电源变压器

确定整流滤波电路形式后,由稳压器要求的最低输入直流电压 U_{Imin} 计算出变压器的副边电压 u_2 、副边电流 i_2 。

五、设计示例

设计一集成直流稳压电源。

性能指标要求: $U_O=+5\sim+12V$,连续可调,输出电流 $I_{Omax}=1A$ 。

纹波电压: $\leqslant5mV$ 。

电压调整率: $K_u\leqslant3\%$ 。

电流调整率: $K_i\leqslant1\%$ 。

选可调式三端稳压器 W317,其典型指标满足设计要求。电路形式如图 2-18-7 所示。

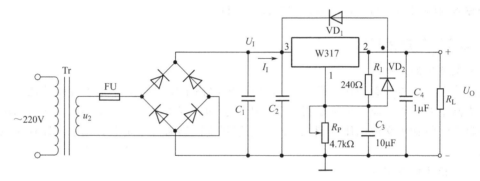

图 2-18-7　设计示例

1.器件选择

电路参数计算如下:

(1) 确定稳压电路的最低输入直流电压 U_{Imin} :

$$U_{Imin}\approx [U_{Omax}+ (U_I-U_O)]/0.9$$

代入各指标计算得 $U_{Imin}\geqslant [12+3]/0.9=16.67V$,我们取值 17V。

(2) 确定电源变压器副边电压、电流及功率。

$$u_2\geqslant U_{Imin}/1.1, \quad i_2\geqslant I_{Imax}$$

$u_2\geqslant17/1.1=15.5V$,变压器副边功率 $P_2\geqslant17W$,变压器的效率 $\eta=0.7$,则原边功率 $P_1\geqslant24.3W$ 。由上分析,可选购副边电压为 16V、输出为 1.1A、功率 30W 的变压器。

(3) 选整流二极管及滤波电容。因电路形式为整流电容滤波,通过每个二极管的反峰电压和工作电流求出滤波电容值。已知:整流二极管 1N5401,其极限参数为 $U_{RM}=50V$, $I_D=5A$ 。

$$滤波电容 C_1\approx (3\sim5)T\times I_{Imax}/2U_{Imin}=1941\sim3235\mu F$$

故取 2 只 2200MF/25V 的电解电容作滤波电容。

2.稳压器功耗计算

当输入交流电压增加 10% 时,稳压器输入直流电压最大:

$$U_{Imax}=1.1\times1.1\times16=19.36V$$

所以稳压器承受的最大压差为: $19.36-5\approx15$ (V)。

最大功耗为: $U_{Imax}\times I_{Imax}=15\times1.1=16.5W$ 。

故应选用散热功率 $\geqslant16.5W$ 的散热器。

3.其他措施

如果集成稳压器离滤波电容 C_1 较远时，应在 W317 靠近输入端处接上一只 $0.33\mu F$ 的旁路电容 C_2。接在调整端和地之间的电容 C_3 是用来旁路电位器 R_P 两端的纹波电压。当 C_3 的容量为 $10\mu F$ 时，纹波抑制比可提高 20dB，减到原来的 1/10。另一方面，由于在电路中接了电容 C_3，此时一旦输入端或输出端发生短路，C_3 中储存的电荷会通过稳压器内部的调整管和基准放大管而损坏稳压器。为了防止在这种情况下 C_3 的放电电流通过稳压器，在 R_1 两端并接一只二极管 VD_2。

W317 集成稳压器在没有容性负载的情况下可以稳定工作。但当输出端有 $500\sim5000pF$ 的容性负载时，就容易发生自激。为了抑制自激，在输出端接一只 $1\mu F$ 的钽电容或 25pF 的铝电解电容 C_4。该电容还可以改善电源的瞬态响应。但是接上该电容以后，集成稳压器的输入端一旦发生短路，C_4 将对稳压器的输出端放电，其放电电流可能损坏稳压器，故在稳压器的输入与输出端之间，接一只保护二极管 VD_1。

六、电路安装与指标测试

1.安装整流滤波电路

首先应在变压器的副边接入熔丝 FU，以防电源输出端短路损坏变压器或其他器件，整流滤波电路主要检查整流二极管是否接反，否则会损坏变压器。检查无误后，通电测试（可用调压器逐渐将输入交流电压升到 220V），用滑线变阻器做等效负载，用示波器观察输出是否正常。

2.安装稳压电路部分

集成稳压器要安装适当散热器，根据散热器安装的位置决定是否需要集成稳压器与散热之间绝缘，输入端加直流电压 U_I（可用直流电源作输入，也可用调试好的整流滤波电路作输入），滑线变阻器作等效负载，调节电位器 R_P，输出电压应随之变化，说明稳压电路正常工作。注意检查在额定负载电流下稳压器的发热情况。

3.总装及指标测试

将整流滤波电路与稳压电路相连接并接上等效负载，测量下列各值是否满足设计要求：

（1）U_I 为最高值（电网电压为 242V），U_O 为最小值（此例为 +5V），测稳压器输入、输出端差是否小于额定值，并检查散热器的温升是否满足要求（此时应使输出电流为最大负载电流）。

（2）U_I 为最低值（电网电压为 198V），U_O 为最大值（此例为 +12V），测稳压器输入、输出端压差是否大于 3V，并检查输出稳压情况。

如果上述结果符合设计要求，便可按照前面介绍的测试方法，进行质量指标测试。

实验十九　函数发生器设计

一、实验目的

通过本课题设计，要求掌握方波-三角波-正弦波函数发生器的设计方法与调试技术，学会安装与调试由多级单元电路组成的电子线路，学会使用集成函数发生器。

二、设计任务

设计课题：方波-三角波-正弦波函数发生器。

1. 主要技术指标

频率范围：$10 \sim 100 \mathrm{Hz}$，$100 \sim 1000 \mathrm{Hz}$，$1 \sim 10 \mathrm{kHz}$。

频率控制方式：通过改变 RC 时间常数手控信号频率、控制电压 U_{C} 实现压控频率（VCF）。

输出电压：正弦波，$U_{\mathrm{PP}} \approx 3\mathrm{V}$，幅度连续可调；

三角波，$U_{\mathrm{PP}} \approx 5\mathrm{V}$，幅度连续可调；

方波，$U_{\mathrm{PP}} \approx 14\mathrm{V}$，幅度连续可调。

波形特性：正弦波谐波失真小于 3%；

三角波非线形失真小于 1%；

方波上升时间小于 $2\mu\mathrm{s}$。

扩展部分：自拟。可涉及下列功能：

功率输出；

矩形波占空比 $50\% \sim 90\%$ 可调；

锯齿波斜率连续可调；

能输出扫频波。

2. 设计要求

（1）根据技术指标要求及实验室条件自选方案设计出原理电路图，分析工作原理，计算元件参数。

（2）列出所用元器件清单，报实验室备件。

（3）安装调试所设计的电路，使之达到设计要求。

（4）记录实验结果。

（5）撰写设计报告、调试总结报告及使用说明书。

三、基本原理

1. 函数发生器的组成

函数发生器一般是指能自动产生正弦波、三角波（锯齿波）、方波（矩形波）、阶梯波等电压波形的电路或仪器。电路形式可以由运放及分立元件构成，也可以由单片集成函数发生器。根据用途不同，有产生三种或多种波形的函数发生器，本课题介绍方波-三角波-正弦波函数发生器的设计方法。

产生方波、三角波和正弦波的方案有多种，如首先产生正弦波，然后通过比较器电路变换成方波，再通过积分电路变换成三角波；也可以首先产生方波、三角波，然后再将三角波变成正弦波或将方波变成正弦波；或采用一片能同时产生上述三种波形的专用集成电路芯片（5G8038）。本课题仅介绍先产生方波、三角波，再将三角波变换成正弦波的电路设计方法及集成函数发生器的典型电路。

2. 函数发生器的主要性能指标

（1）输出波形：方波、三角波、正弦波等。

（2）频率范围：输出频率范围一般可分为若干波段。

（3）输出电压：输出电压一般指输出波形的峰峰值。

（4）波形特性：

正弦波：谐波失真度，一般要求小于 3%。

三角波：非线性失真度，一般要小于 2%。

方波：上升沿和下降沿时间，一般要小于 2ps。

四、设计指导

1.三角波变换成正弦波

由运算放大器电路及分立元件构成，方波-三角波-正弦波函数发生器电路组成框图如图 2-19-1 所示，这里只介绍将三角波变换成正弦波的电路。

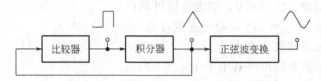

图 2-19-1　函数发生器组成框图

（1）用差分放大电路实现三角波→正弦波的变换，波形变换的原理是利用差分放大器的传输特性曲线的非线性，波形变换过程如图 2-19-2 所示。由图可见，传输特性曲线越对称、线性区越窄越好；三角波的幅度 U_{im} 应正好使晶体接近饱和区或截止区。

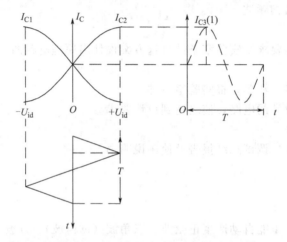

图 2-19-2　三角波→正弦波的变换原理

图 2-19-3 为实现三角波→正弦波变换的电路，其中 R_{P1} 调节三角波的幅度，R_{P2} 调整电路的对称性，其并联电阻 R_{e2} 用来减小差分放大器传输的线性区，电容 C_1、C_2、C_3 为隔直电容，C_4 为滤波电容，以滤出谐波分量，改善输出波形。

（2）二极管折线近似电路如图 2-19-4 所示，当电压 U_i $[R_{\Lambda0}/(R_{\Lambda0}+R_s)]$ 小于 U_1+U_D（二极管正向压降）时，二极管 VD_1、VD_2、VD_3 截止；当电压 U_i 大于 U_1+U_D 且小于 U_2+U_D 时，则 VD_1 导通；同理可得 VD_2、VD_3 的导通条件。不难得出图 2-19-4 的输入、输出特性曲线，如图 2-19-5 所示。选择合适的电阻网络，可使三角波转换成正弦波。一个实用的折线逼近正弦波转换电路如图 2-19-6 所示。其计算图见图 2-19-7 所示，该图是以正弦波角频率 0°为 0V，90°为峰值画出的三角波，0°～30°处三角波和正弦波因为有着相同的电平值而重合，选择转折点为 P，画出用折线逼近正弦波的直线段，由两者的斜率比定出电阻网络的分压比。每个转折点对应着一个二极管，而且所提供给各二极管负端的电位值应该是适当的。

2.单片集成函数发生器 5G8038

专用集成电路芯片 5G8038 是能同时产生正弦波、三角波和方波的函数发生器。

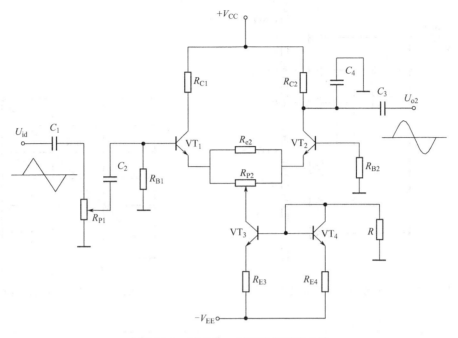

图 2-19-3　三角波→正弦波的变换电路

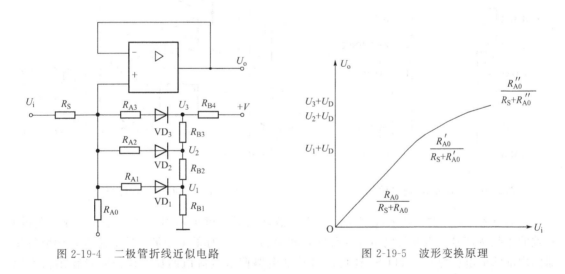

图 2-19-4　二极管折线近似电路　　　　　图 2-19-5　波形变换原理

（1）5G8038 基本工作原理。5G8038 的引脚排列如图 2-19-8 所示。它的结构可用图 2-19-9 来表示。窗口比较器通常由两个比较器组成，两个参考电压分别设置在 $2/3V_{CC}$ 和 $1/3V_{CC}$ 上。而这个窗口比较器的输出分别控制一个后随的 RS 触发器的置位与复位端。外接定时电容 C_T 的充放电回路由内部设置的上、下两个电流源 CS_1 和 CS_2 担任，而充电与放电的转换，则由 RS 触发器的输出通过电子模拟开关的通或断来进行控制。另外，在定时电容 C_T 上形成的线性三角波经阻抗转换器（缓冲器）输出，产生三角波。为得到在比较宽的频率范围内由三角波到正弦波的转换，内设一个由电阻与晶体管组成的折线近似转换网络（正弦波变换器），以得到低失真的正弦信号输出。

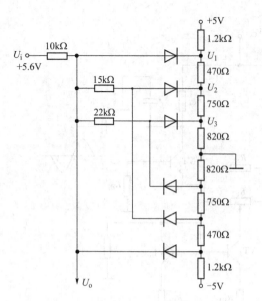

图 2-19-6　三角波→正弦波转换电路

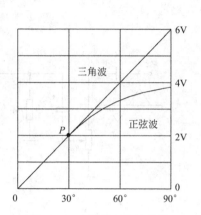

图 2-19-7　波形变换计算图

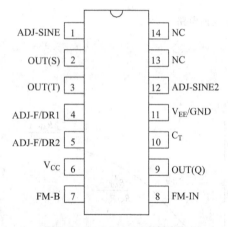

图 2-19-8　5G8038 引脚功能

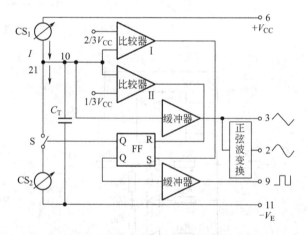

图 2-19-9　5G8038 内部结构图

　　定时电容 C_T 上的三角波经三角波→正弦波转换后,就可输出频率与方波(或三角波)一致的正弦波信号。当充放电电流相等时,输出为一个对称的三角波。除此之外,函数发生器的内部两个电流源 CS_1 和 CS_2 还可通过外部电路调节电流值的比,以便获得输出占空比不为 50%,而是从 1%~99% 可变的矩形波和锯齿波,这样可适应各种不同的应用需要,但此时正弦波要严重失真。

　　(2) 5G8038 主要技术指标:

频率温度漂移:$\leqslant 50 \times 10^{-6}$/℃;

输出波形:同时输出正弦波、三角波和方波;

工作频率范围:$0.001 \sim 3 \times 10^5$ Hz;

输出正弦波失真:$\leqslant 1\%$;三角波输出线性度可优于 0.1%;

矩形波输出占空系数:在 1%~99% 范围内调节;

输出矩形波电平:4.2~28V;

电源电压：单电源，+10～+30V；双电源；±5V～±15V。

（3）典型应用。典型使用如图 2-19-10 所示。图中，输出频率由 8 脚电位和定时电容 C_2 决定。改变 R_{P2} 的中心抽头位置，则方波的占空比、锯齿波的上升和下降时间比改变。R_{P3}、R_{P4} 与 R_6、R_7 支路可调节正弦波的失真度。

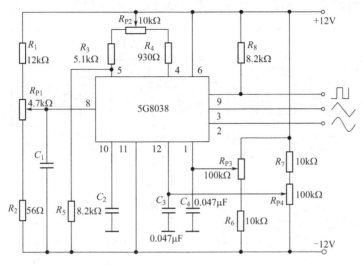

图 2-19-10　5G8038 的典型应用电路

五、设计示例

1. 由运算放大器电路及分立元件构成方波-三角波-正弦波函数发生器

（1）用差分放大实现三角波-正弦波的变换。电路如图 2-19-11 所示。

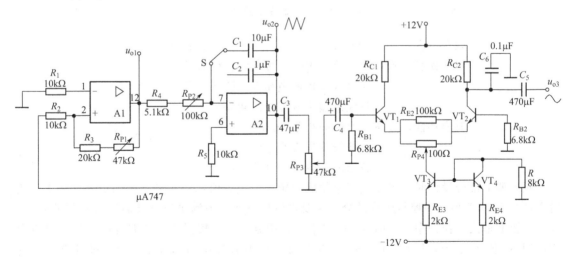

图 2-19-11　函数发生器（一）

指标要求：频率范围，1～10Hz，10～100Hz；

　　　　　输出电压，正弦波 $U_{PP} \geq 1V$，三角波 $U_{PP} = 8V$，方波 $U_{PP} \leq 24V$。

波形特性：正弦波谐波失真小于 5%；三角波非线形失真小于 2%；方波上升时间小于 100μs。

三角波-正弦波变换电路的参数选择原则是：隔直电容 C_3、C_4、C_5 的容量要取得较大，因为输出频率很低，一般取值为 $470\mu F$，滤波电容 C_6 视输出的波形而定，若含高次谐波成分较多，C_6 可取得较小，一般为几十皮法至几百微法。R_{E2} 与 R_{E4} 相关联，以减小差分放大器的线性区。差分放大器的静态工作点可通过观测传输特性曲线、调整 R_{P1} 及电阻 R 确定。

（2）用二极管折线近似电路实现三角波-正弦波的变换电路如图 2-19-12 所示。

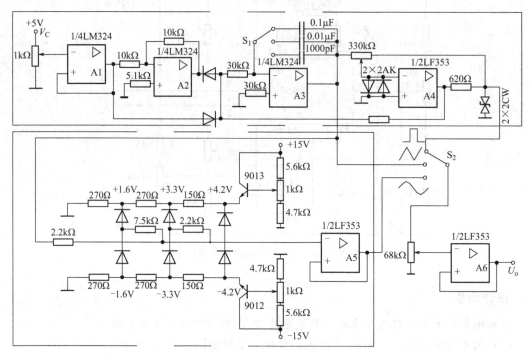

图 2-19-12　函数发生器（二）

指标要求：频率范围，$10\sim100\mathrm{Hz}$、$100\sim1000\mathrm{Hz}$、$1\sim10\mathrm{kHz}$；

　　　　　频率控制方式，通过改变 RC 时间常数手控信号频率；

　　　　　通过改变控制电压 V_C 实现压控频率（VCF）；

　　　　　各波形输出幅度连续可调；

　　　　波形特性，方波上升时间小于 2ps；

　　　　　三角波非线性失真小于 1%；

　　　　　正弦波谐波失真小于 3%。

频率调节部分设计时，可先按三个频段给定三个电容值：1000pF、$0.01\mu F$、$0.1\mu F$。然后再计算 R 的大小。手控与压控部分线路要求更换方便。为满足对方波前后沿时间的要求，以及正弦波最高工作频率（10kHz）的要求，在积分器、比较器、正弦波转换器和输出级中应选用 S_R 值较大的运放（如 LF353）。为保证正弦波有较小的失真度，应正确计算二极管网络的电阻参数，并注意调节输出三角波的幅度和对称度，输入波形中不能含有直流成分。

2. 精密压控振荡器

图 2-19-13 是由 $1\mu A741$ 和 5G8038 组成的精密压控振荡器，当 8 脚与一连续可调的直流电压相连时，输出频率亦连续可调。当此电压为最小值（近似为 0）时，输出频率最低，当电压为最大值时，输出频率最高；5G8038 控制电压有效作用范围是 $0\sim3V$。由于 5G8038本身的线性度仅在扫描频率范围 10：1 时为 0.2%，更大范围（如 1000：1）时线性度随之

变坏，所以控制电压经 µA741 后再送入 5G8038 的 8 脚，这样会有效地改善压控线性度（优于 1％）。若 4、5 脚的外接电阻相等且为 R，此时输出频率可由下式决定：

$$f = 0.3/RC_4$$

设函数发生器最高工作频率为 2kHz，定时电容 C_4 可由上式求得。

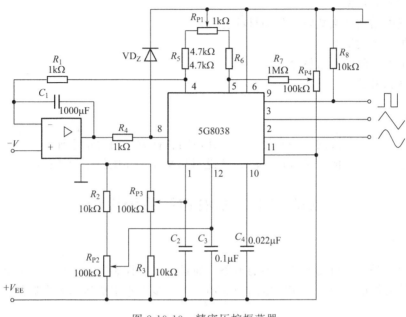

图 2-19-13　精密压控振荡器

电路中 R_{P3} 用来调整高频端波形的对称性，而 R_{P2} 用来调整低频端波形的对称性调整 R_{P3} 和 R_{P2} 可以改善正弦波的失真。稳压管 VD_Z 是为了避免 8 脚上的负压过大而使 5G8038 工作失常设置的。

六、电路安装与指标测试

对于图 2-19-11 和图 2-19-12 电路的调试，通常按电子线路一般调试方法进行，即按照单元电路的先后顺序进行分级装调与联调，故这里不再赘述。

下面介绍集成函数发生器 5G8038 的一般调试方法：

按图 2-19-10 接线，检查无误后通电观察有无方波、三角波输出，有则进行以下调试。

1.频率的调节

定时电容 C_2 不变（可按要求分数挡），改变 R_{P1} 中心滑动端位置（第 8 脚电压改变），输出波形的频率应发生改变，然后分别接入各挡定时电容，测量输出频率变化范围是否满足要求，若不满足，改变有关元件参数（R_1、R_2 及 R_{P1}）。

2.占空比（矩形波）或斜率（锯齿波）的调节

R_{P1} 中心滑头位置不变，改变 R_{P2} 中心滑头位置，输出波形的占空比（矩形波）或斜率（锯齿波）将发生变化，若不变化，查 R_3、R_4、R_{P2} 回路。

3.正弦波失真度的调节

因为正弦波是由三角波变换而得的，故首先应调 R_{P2} 使输出的锯齿波为正三角波（上升、下降时间相等），然后调 R_{P3}、R_{P4} 观察正弦波输出的顶部和底部失真程度，使波形的正、负峰值（绝对值）相等且平滑接近正弦波。最后用失真度仪测量其失真度，再进行细调，直至满足失真度指标要求。

七、设计实验报告要求

(1) 画出设计原理图，列出元器件清单。
(2) 整理实验数据。
(3) 调试中出现什么故障？如何排除？
(4) 分析整体测试结果。
(5) 写出本实验的心得体会。
(6) 回答思考题。

八、思考题

(1) 简述产生正弦波的几种常用方法，并说明各种方法的简单原理；
(2) 简述产生方波的几种常用方法，试说明其原理，并比较它们的优缺点。

实验二十　水温控制系统设计

一、实验目的

温度控制器是实现可测温和控温的电路，通过对温度控制电路的设计、安装和调试了解温度传感器件的性能，学会在实际电路中应用。进一步熟悉集成运算放大器的线性和非线性应用。

二、设计任务

要求设计一个温度控制器，其主要技术指标如下：
(1) 测温和控温范围：室温－80℃（实时控制）；
(2) 控温精度：±1℃；
(3) 控温通道输出为双向晶闸管或继电器，一组转换接点为市电 220V、10A。

三、基本原理

温度控制器的基本组成框图如图 2-20-1 所示。本电路由温度传感器、K-℃变换、温度设置、数字显示和输出功率级等部件组成。温度传感器的作用是把温度信号转换成电流或电压信号，K-℃变换器将热力学温度（K）转换成摄氏温度（℃）。信号经放大和刻度定标

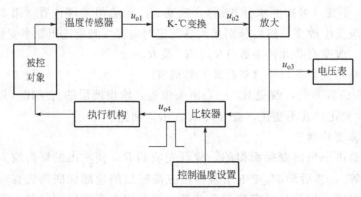

图 2-20-1　温度控制器原理框图

(0.1V/℃) 后由三位半数字电压表直接显示温度值，并同时送入比较器与预先设定的固定电压（对应控制温度点）进行比较，由比较器输出的电平高低变化来控制执行机构（如继电器）工作，实现温度自动控制。

四、设计指导

1. 温度传感器

建议采用 AD590 集成温度传感器进行温度-电流转换，它是一种电流型二端器件，其内部已作修正，具有良好的互换性和线性，有消除电源波动的特性。输出阻抗达 10MΩ，转换当量为 $1\mu A/K$。器件采用 B-1 型金属壳封装。

温度-电压变换电路如图 2-20-2 所示。由图可得：

$$u_{o1} = 1\mu A/K \times R = R \times 10^{-6} A/K$$

如 $R = 10k\Omega$，则 $u_{o1} = 10mV/K$。

2. K-℃ 变换器

因为 AD590 的温控电流值是对应热力学温度（K），而在温控中需要采用摄氏温度，由运放组成的加法器可实现这一转换，参考电路如图 2-20-3 所示。

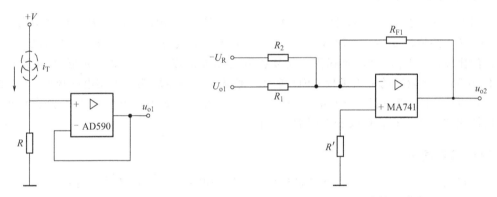

图 2-20-2 温度-电压变换电路   图 2-20-3 K-℃ 变换电路

元件参数的确定和 $-U_R$ 选取的指导思想是：0℃（即 273K）时，$u_{o2} = 0V$。

3. 放大器

设计一个反相比例放大器，使其输出 u_{o3} 满足 100mV/℃。用数字电压表可实现温度显示。

4. 比较器

由电压比较器组成，如图 2-20-4 所示。U_{REF} 为控制温度设定电压（对应控制温度），R_{F2} 用于改善比较器的迟滞特性，决定控温精度。

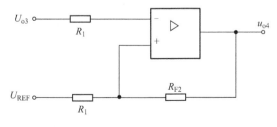

图 2-20-4 比较器

5. 继电器驱动电器

电路如图 2-20-5 所示。当被测温度超过设定温度时,继电器动作,使触点断开停止加热,反之被测温度低于设置温度时,继电器触点闭合,进行加热。

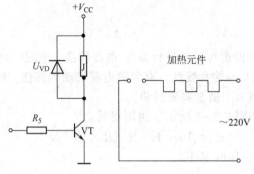

图 2-20-5 继电器驱动电路

五、调试要点和注意事项

用温度计测传感器处的温度 T(℃),如 $T=27$℃(300K)。若取 $R=10\mathrm{k}\Omega$,则 $u_{o1}=3\mathrm{V}$,调整 U_R 的值使 $u_{o2}=-270\mathrm{mV}$,若放大器的放大倍数为 -10 倍,则 u_{o3} 应为 2.7V。测比较器的比较电压 U_{REF} 值,使其等于所要控制的温度乘以 0.1V,如设定温度为 50℃,则 U_{REF} 值为 5V。比较器的输出可接 LED 指示。把温度传感器加热(可用电吹风吹),在温度小于设定值前 LED 应一直处于点亮状态,反之,则熄灭。如果控温精度不良或过于灵敏造成继电器在被控点抖动,可改变电阻 R_{F2} 的值。

六、设计报告要求

(1)根据技术要求及实验室条件自选设计出原理电路图,分析工作原理;

(2)列出元器件清单;

(3)整理实验数据;

(4)在测试时发现什么故障?如何排除;

(5)写出实验的心得体会。

第三章　数字电子技术实验

实验一　TTL 与非门电压传输特性及参数测试

一、实验目的

（1）学习 TTL 与非门电压传输特性及主要参数的测试方法；

（2）掌握 TTL 与非门逻辑功能的测试方法；

（3）学习数字电路实验箱的使用方法。

二、预习要求

（1）复习 TTL 与非门电压传输特性及主要参数的基本概念；

（2）复习 TTL 与非门的逻辑功能及使用规则；

（3）预习数字电路实验箱的结构和使用方法。

三、实验原理及参考电路

本实验采用 74LS00 四 2 输入与非门，其外引线排列如图 3-1-1 所示，工作电压为 5V。

1. TTL 与非门电压传输特性

TTL 与非门电压传输特性是指与非门输出电压 u_o 和输入电压 u_i 之间的关系曲线。其测试接线如图 3-1-2（a）所示，调节电位器 R_P，使输入电压 u_i 逐渐增大，测出对应各点输出电压的大小，便可在坐标纸上绘出 TTL 与非门的电压传输特性曲线，并可由电压传输特性求得输出高电平 U_{OH}、输出低电平 U_{OL}、关门电平 U_{OFF}、开门电平 U_{ON} 等主要参数，如图 3-1-2（b）所示。

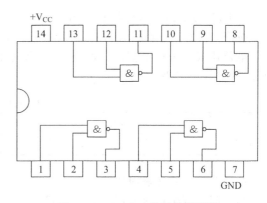

图 3-1-1　74LS00 外引线排列图

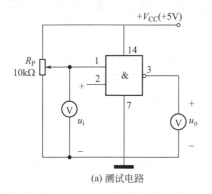

(a) 测试电路

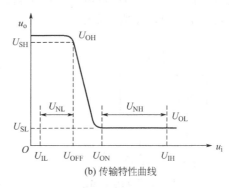

(b) 传输特性曲线

图 3-1-2　TTL 与非门的电压传输特性

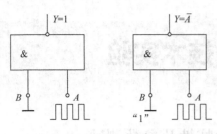

图 3-1-3　用与非门作控制门

2. TTL 与非门逻辑功能的测试

与非门的逻辑功能为：输入有"0"，输出为"1"；输入全"1"，输出为"0"。根据其逻辑功能，与非门可以作为控制门，用以控制信号的通过与否。如图 3-1-3 所示，当输入 $B=0$ 时，输出 $Y=1$，A 信号不能通过；当 $B=1$ 时，输出 $Y=\overline{A}$，即 A 输入信号可以通过该门，但相位相反，且输出信号的幅度由与非门输出的高低电平决定。

3. TTL 集成电路使用注意事项（以 TTL 与非门为例）

（1）接插集成块时，要认清定位标记，不得插反。

（2）电源电压使用范围 $+4.5\sim+5.5V$ 之间，实验中要求使用电源为 $+5V$。

（3）闲置输入端处理方法：悬空，相当于正逻辑 1，对一般小规模电路的输入端，实验时允许悬空处理，但是输入端悬空，易受外界干扰，破坏电路逻辑功能；对于中规模以上电路或较复杂的电路，不允许悬空，直接接入电源，或串入一适当阻值电阻（$1\sim10k\Omega$）到电源；若前级驱动能力允许，可以与有用的输入端并联使用。

（4）输出端不允许直接接 $+5V$ 电源或直接接地，否则将导致器件损坏。

（5）除集电极开路输出器件和三态输出器件外，不允许几个 TTL 器件输出端并联使用，否则，不仅会使电路逻辑功能混乱，而且会导致器件损坏。

四、实验内容及步骤

1. TTL 与非门电压传输特性测试

按图 3-1-2(a) 所示电路在实验箱上接线，其输入端 2 悬空，检查无误后接通 5V 电源。调节电位器 R_P 使输入电压 u_i 按表 3-1-1 所示值由零逐渐增大到 5V。用万用表分别逐点测出 u_o 的值，记于表 3-1-1 中。

表 3-1-1　TTL 与非门的电压传输特性

u_i/V	0	0.3	0.5	0.8	1	1.1	1.2	1.3	1.4	1.5	1.6	1.8	2	3	5
u_o/V															

2. 与非门逻辑功能的测试

与非门的逻辑功能为：输入有"0"，输出为"1"；输入全"1"，输出为"0"。将与非门的两个输入端分别接实验箱的逻辑电平开关，输出接发光二极管 LED，如图 3-1-4 所示，按表 3-1-2 所示输入 A、B 的逻辑电平（由逻辑开关控制），观察发光二极管的结果（亮表示 $Y=1$，灭表示 $Y=0$），并填入表中。

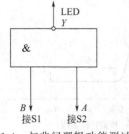

图 3-1-4　与非门逻辑功能测试

表 3-1-2　与非门逻辑功能

A	B	Y
0	0	
0	1	
1	0	
1	1	

3.观察与非门对逻辑信号的控制作用（选做）

按图 3-1-3 接线，在与非门的 A 输入端加频率为 1kHz、幅度为 5V 的脉冲信号，B 输入端接逻辑电平开关，并分别使 $B=0$、$B=1$，用示波器观察输出端 Y 的波形，比较当 B 端逻辑电平不同时，与非门对 A 端信号的控制情况。

五、实验仪器及元器件

数字电路实验箱、直流稳压电源、信号源、示波器、万用表各一，10kΩ 电位器一只，CT74LS00 集成门电路一块。

六、实验报告要求

（1）整理实验数据；

（2）在坐标纸上画出 TTL 与非门电压传输特性曲线，并由曲线求出主要参数 U_{OH}、U_{OL}、U_{OFF}、U_{ON}、U_{NL} 和 U_{NH} 等；

（3）总结与非门的逻辑功能，列真值表；画出与非门作控制门时的输入、输出波形。

实验二　TTL 逻辑门电路功能测试

一、实验目的

掌握 TTL 门电路的逻辑功能和测试方法。

二、预习要求

预习各种基本门电路的逻辑功能。

三、实验内容及步骤

1.与非门功能测试（74LS00）

如图 3-2-1 所示，认清集成电路管脚排列，与非门的输入端接逻辑电平开关，输出端接发光二极管 LED，接通电源，按表 3-2-1 依次测试，将结果填入表 3-2-1 中。

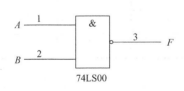

图 3-2-1　与非门

表 3-2-1　与非门功能测试表

A	B	F
0	0	
0	1	
1	0	
1	1	

2.与门逻辑功能测试（74LS08）

如图 3-2-2 所示，接线同上，将结果填入表 3-2-2 中。

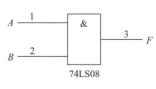

图 3-2-2　与门

表 3-2-2　与门逻辑功能测试表

A	B	F
0	0	
0	1	
1	0	
1	1	

3. 或门逻辑功能测试（74LS32）

如图 3-2-3 所示，将结果填入表 3-2-3 中。

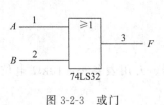

图 3-2-3 或门

表 3-2-3 或门逻辑功能测试表

A	B	F
0	0	
0	1	
1	0	
1	1	

4. 或非门逻辑功能测试（74LS02）

如图 3-2-4 所示，认清集成电路管脚排列，接线同上，将结果填入表 3-2-4 中。

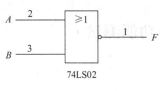

图 3-2-4 或非门

表 3-2-4 或非门逻辑功能测试表

A	B	F
0	0	
0	1	
1	0	
1	1	

5. 异或门功能测试（74LS86）

如图 3-2-5 所示，接线同上，将结果填入表 3-2-5 中。

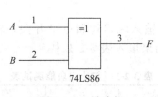

图 3-2-5 异或门

表 3-2-5 异或门功能测试表

A	B	F
0	0	
0	1	
1	0	
1	1	

四、实验仪器及元器件

数字电路实验箱一台，直流稳压电源一台；

74LS00 四 2 输入与非门一块；

74LS02 四 2 输入或非门一块；

74LS08 四 2 输入与门一块；

74LS32 四 2 输入或门一块；

74LS86 四 2 输入异或门一块。

五、实验报告要求

列出实验表格、整理实验数据。

实验三 组合逻辑电路功能测试

一、实验目的

（1）熟悉组合逻辑电路的测试；

（2）熟悉用基本逻辑门组成半加器、全加器和多数表决器电路和测试方法。

二、预习要求

（1）复习组合逻辑电路的设计和测试方法；

（2）预习实验内容，完成有关设计项目。

三、实验内容和步骤

1.半加器逻辑功能测试

半加器逻辑电路如图 3-3-1 所示，它能实现二进制数 A、B 的相加，得到半加和 S 及进位 C。

（1）写出 S 和 C 的表达式；

（2）按图 3-3-1 接线，A、B 接逻辑电平开关，S、C 接发光二极管 LED，测试结果填入表 3-3-1 中。

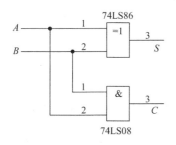

图 3-3-1 半加器逻辑电路

表 3-3-1 半加器逻辑功能测试表

输入		输出	
A	B	S	C
0	0		
0	1		
1	0		
1	1		

2.全加器逻辑功能测试

按图 3-3-2 接线，A、B、C_{i-1} 分别接逻辑电平开关，S_i、C_i 接发光二极管 LED，测试结果填入表 3-3-2 中，然后根据表 3-3-2 写出 S_i、C_i 逻辑函数表达式。

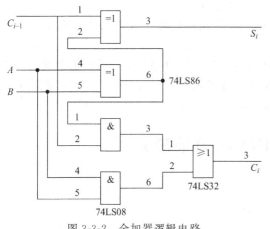

图 3-3-2 全加器逻辑电路

表 3-3-2 全加器逻辑功能测试表

A	B	C_{i-1}	S_i	C_i
0	0	0		
0	0	1		
0	1	0		
0	1	1		
1	0	0		
1	0	1		
1	1	0		
1	1	1		

3. 多数表决电路功能测试

按图 3-3-3 接线，A、B、C 分别接逻辑电平开关，F 接发光二极管 LED，74LS20 的多余输入端可悬空，测试结果填入表 3-3-3 中，然后根据表 3-3-3 写出 F 逻辑函数表达式。

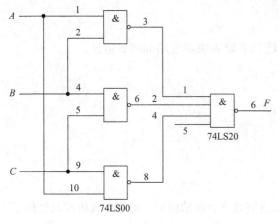

图 3-3-3 多数表决器的参考电路

表 3-3-3 多数表决电路功能测试表

A	B	C	F
0	0	0	
0	0	1	
0	1	0	
0	1	1	
1	0	0	
1	0	1	
1	1	0	
1	1	1	

四、实验仪器及元器件

数字电路实验箱一台，直流稳压电源一台；

74LS00 四 2 输入与非门一块；

74LS08 四 2 输入与门一块；

74LS20 二 4 输入与非门一块；

74LS32 四 2 输入或门一块；

74LS86 四 2 输入异或门一块。

五、实验报告要求

画出各实验电路，写出每个电路的输出表达式，填写各实验表格。

六、实验注意事项

（1）TTL 与非门的多余输入端可接至高电平，以防引入干扰。

（2）在验证逻辑功能时，如发现与要求不符，应首先检查各集成电路所加电源是否正常，再检查电路接线是否正确。

（3）在查找电路故障时，可以用万用表的直流电压挡，从电路的输入端至输出端逐级检查每个门的输出是否满足应有的逻辑功能，从而确定故障点，并加以排除。也可以把输入或输出引至指示灯来判断高低电平，确定逻辑功能，从而确定故障点，再加以排除。

实验四 编码器和译码器功能测试

一、实验目的

（1）验证 8 线-3 线优先编码器 74LS148 的功能；

（2）验证 3 线-8 线译码器 74LS138 的功能；

（3）学习用与非门设计 2 线-4 线译码器。

二、预习要求

（1）复习 8 线-3 线优先编码器 74LS148 的功能；

（2）复习 3 线-8 线译码器 74LS138 的功能；

（3）复习组合逻辑电路的设计方法。

三、实验原理及参考电路

1. 8 线-3 线优先编码器 74LS148

TTL 中规模集成电路 8 线-3 线优先编码器 74LS148，其功能表和引线排列如表 3-4-1 和图 3-4-1 所示。

E_1 为片选端，低电平有效。

输入端：$I_0 \sim I_7$ 低电平有效，I_7 为最优端。

输出端：$A_0 \sim A_2$。

使能端：G_S、E_0 用以级连或标志。

表 3-4-1　74LS148 功能表

输入									输出				
E_1	I_0	I_1	I_2	I_3	I_4	I_5	I_6	I_7	A_2	A_1	A_0	G_S	E_0
1	×	×	×	×	×	×	×	×	1	1	1	1	1
0	1	1	1	1	1	1	1	1	1	1	1	1	0
0	0	1	1	1	1	1	1	1	1	1	1	0	1
0	×	0	1	1	1	1	1	1	1	1	0	0	1
0	×	×	0	1	1	1	1	1	1	0	1	0	1
0	×	×	×	0	1	1	1	1	1	0	0	0	1
0	×	×	×	×	0	1	1	1	0	1	1	0	1
0	×	×	×	×	×	0	1	1	0	1	0	0	1
0	×	×	×	×	×	×	0	1	0	0	1	0	1
0	×	×	×	×	×	×	×	0	0	0	0	0	1

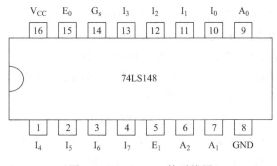

图 3-4-1　74LS148 外引线图

2. 3 线-8 线译码器 74LS138

译码器能将代码的特定"含义"翻译出来，图 3-4-2 为 3 线-8 线译码器 74LS138 的引脚排列图，其逻辑功能如表 3-4-2 所示。其中 $A_0 \sim A_2$ 为译码器的地址输入端；$\overline{Y_0} \sim \overline{Y_7}$ 为输出端；ST_A、$\overline{ST_B}$、$\overline{ST_C}$ 为使能端。当 $ST_A = 1$，$\overline{ST_B} = \overline{ST_C} = 0$ 时，译码器处于工作状态；当 $ST_A = 0$ 或 $\overline{ST_B} + \overline{ST_C} = 1$ 时，译码器处于禁止状态。

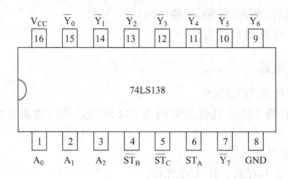

图 3-4-2　74LS138 译码器的外引线排列图

表 3-4-2　74LS138 功能表

输入					输出							
ST_A	$\overline{ST_B} + \overline{ST_C}$	A_2	A_1	A_0	$\overline{Y_0}$	$\overline{Y_1}$	$\overline{Y_2}$	$\overline{Y_3}$	$\overline{Y_4}$	$\overline{Y_5}$	$\overline{Y_6}$	$\overline{Y_7}$
$\times$	1	$\times$	$\times$	$\times$	1	1	1	1	1	1	1	1
0	$\times$	$\times$	$\times$	$\times$	1	1	1	1	1	1	1	1
1	0	0	0	0	0	1	1	1	1	1	1	1
1	0	0	0	1	1	0	1	1	1	1	1	1
1	0	0	1	0	1	1	0	1	1	1	1	1
1	0	0	1	1	1	1	1	0	1	1	1	1
1	0	1	0	0	1	1	1	1	0	1	1	1
1	0	1	0	1	1	1	1	1	1	0	1	1
1	0	1	1	0	1	1	1	1	1	1	0	1
1	0	1	1	1	1	1	1	1	1	1	1	0

四、实验内容及步骤

1. 验证 8 线-3 线优先编码器 74LS148 的逻辑功能

(1) 将 E_1、$I_0 \sim I_7$ 依次接到逻辑电平开关。

(2) 将 $A_0 \sim A_2$、G_S、E_0 依次接到发光二极管 LED。

(3) 接通电源，按功能表依次验证 8 线-3 线优先编码器 74LS148 的逻辑功能。

2. 验证 3 线-8 线译码器 74LS138 的逻辑功能

(1) 将 ST_A、$\overline{ST_B}$、$\overline{ST_C}$、$A_2 \sim A_0$ 依次接到逻辑电平开关。

(2) 将 $\overline{Y_0} \sim \overline{Y_7}$ 依次接到发光二极管 LED。

(3) 接通电源，按功能表依次验证 3 线-8 线译码器 74LS138 的逻辑功能。

3. 用六反相器 74LS04 和四 2 输入与非门 74LS00 组成 2 线-4 线译码器

按图 3-4-3 接线，按表 3-4-3 依次验证其逻辑功能，并写出逻辑表达式。

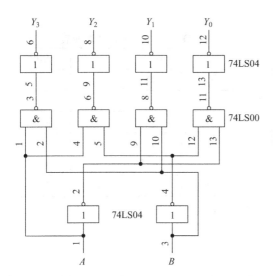

图 3-4-3　2 线-4 线译码器逻辑电路

表 3-4-3　2 线-4 线译码器功能表

输入		输出			
A	B	Y_3	Y_2	Y_1	Y_0
0	0	0	0	0	1
0	1	0	0	1	0
1	0	0	1	0	0
1	1	1	0	0	0

五、实验仪器和元器件

数字电路实验箱一台，直流稳压电源一台；

74LS04 六反相器一块；

74LS00 四 2 输入与非门一块；

74LS138 3 线-8 线译码器一块；

74LS148 8 线-3 线优先编码器一块。

六、实验报告要求

整理实验数据，画出各实验电路，填写各实验表格，并回答有关问题。

实验五　数据选择器和数值比较器功能测试

一、实验目的

（1）验证 4 选 1 数据选择器 74LS153 的功能；

（2）掌握一位数值比较器的设计方法；

（3）学习多输出组合逻辑电路的设计方法。

二、预习要求

（1）复习 4 选 1 数据选择器的作用和功能表的意义；

（2）复习数值比较器的工作原理。

三、实验原理及参考电路

TTL 中规模集成电路 4 选 1 数据选择器 74LS153，其外引线和功能表如图 3-5-1 和表 3-5-1 所示。

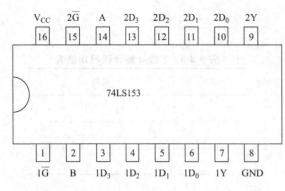

图 3-5-1　74LS153 数据选择器外引线排列图

表 3-5-1　74LS153 功能表

输入			输出
$\bar{G}$	B	A	Y
1	×	×	0
0	0	0	D_0
0	0	1	D_1
0	1	0	D_2
0	1	1	D_3

四、实验内容及步骤

1. 验证 4 选 1 数据选择器 74LS153 的功能（只验证双 4 选 1 数据选择器 74LS153 一个数据选择器的功能）

（1）将 $\bar{G}$、B、A、$D_0 \sim D_3$ 依次接到逻辑电平开关。

（2）将 Y 接到发光二极管 LED。

（3）接通电源，按表 3-5-1 依次验证数据选择器的逻辑功能。

2. 设计一位数值比较器

按图 3-5-2 接线，按表 3-5-2 依次验证其逻辑功能，并写出逻辑表达式。

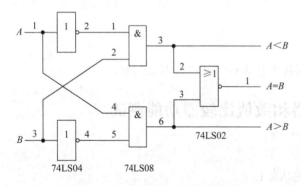

图 3-5-2　一位数值比较器逻辑电路

表 3-5-2　一位数值比较器功能表

输入		输出		
B	A	Y_2 ($A>B$)	Y_1 ($A=B$)	Y_0 ($A<B$)
0	0	0	1	0
0	1	1	0	0
1	0	0	0	1
1	1	0	1	0

五、实验仪器及元器件

数字电路实验箱一台，直流稳压电源一台；

74LS08 四 2 输入与门一块；

74LS02 四 2 输入或非门一块；

74LS04 六反相器一块；

74LS153 双 4 选 1 数据选择器一块。

六、实验报告要求

（1）整理实验数据；

（2）画出实验中各种表格；

（3）画四位数值比较器的逻辑图并分析其工作原理。

实验六　触发器的功能测试及应用

一、实验目的

（1）验证 J-K 触发器和 D 触发器的逻辑功能，加深对触发器工作原理的理解；

（2）掌握用触发器组成二进制加减法计数器的方法。

二、预习要求

（1）复习 J-K 触发器和 D 触发器的工作原理；

（2）熟悉 74LS112 双 J-K 触发器和 74LS74 双 D 触发器的逻辑功能、逻辑符号和外引线排列；

（3）认清触发器的功能表，掌握上升沿和下降沿触发的不同；

（4）复习用触发器组成异步二进制加减计数器的工作原理。

三、实验原理及参考电路

触发器是具有记忆功能的基本逻辑单元，其种类很多，本实验采用逻辑功能较全、用途较广的 74LS112 双 J-K 触发器和 74LS74 双 D 触发器。图 3-6-1 和图 3-6-2 所示分别为它们的逻辑符号和外引线排列图。它们的功能表如表 3-6-1 和表 3-6-2 所示。

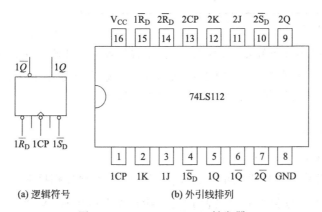

图 3-6-1　74LS112 双 J-K 触发器

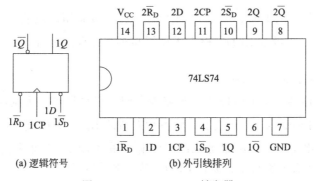

图 3-6-2　74LS74 双 D 触发器

表 3-6-1　CT74LS112 功能表

输入					输出	
$\overline{S}_D$	$\overline{R}_D$	CP	J	K	Q_{n+1}	$\overline{Q}_{n+1}$
0	1	×	×	×	1	0
1	0	×	×	×	0	1
0	0	×	×	×	※	※
1	1	↓	0	0	Q_n	$\overline{Q}_n$
1	1	↓	1	0	1	0
1	1	↓	0	1	0	1
1	1	↓	1	1	$\overline{Q}_n$	Q_n
1	1	1	×	×	Q_n	$\overline{Q}_n$

注：表中※代表不定状态。

表 3-6-2　74LS74 功能表

输入				输出	
$\overline{S}_D$	$\overline{R}_D$	CP	D	Q_{n+1}	$\overline{Q}_{n+1}$
0	1	×	×	1	0
1	0	×	×	0	1
0	0	×	×	※	※
1	1	↑	1	1	0
1	1	↑	0	0	1

注：表中※代表不定状态。

由表 3-6-1 和表 3-6-2 可知，74LS112 双 J-K 触发器和 74LS74 双 D 触发器的置 1 端 $\overline{S}_D$ 和置 0 端 $\overline{R}_D$ 都为低电平有效，且与 CP 端状态无关，触发器处于工作状态时，$\overline{S}_D$ 和 $\overline{R}_D$ 必须都接高电平。J-K 触发器利用 CP 的下降沿触发，D 触发器利用 CP 的上升沿触发。

四、实验内容及步骤

1. 验证 J-K 触发器的逻辑功能

将双 J-K 触发器中一个触发器的 $\overline{S}_D$、$\overline{R}_D$、J、K 输入端分别接实验箱的逻辑电平开关，CP 端接单次脉冲，Q、$\overline{Q}$ 接发光二极管 LED。检查无误后接通 5V 直流电源，按表 3-6-1 逐项验证 J-K 触发器的功能。

2. 验证 D 触发器的逻辑功能

将其中一个 D 触发器的 $\overline{S}_D$、$\overline{R}_D$、D 输入端分别接实验箱的逻辑电平开关，CP 端接单次脉冲，Q、$\overline{Q}$ 接发光二极管 LED。检查无误后接通 5V 直流电源，并按表 3-6-2 逐项验证 D 触发器的功能。

3. 异步二进制加减计数器实验

（1）按图 3-6-3 用两只 74LS112 双 J-K 触发器组成四位异步二进制加计数器。将低位输出端 Q 与高位时钟脉冲输入端 CP 连上，将各触发器的 $\overline{R}_D$、$\overline{S}_D$ 端连接到一起并接逻辑电平开关，将 $\overline{S}_D$ 置成高电平"1"，将最低位的时钟脉冲输入端 CP 与单脉冲电路开关连上，四个触发器的输出端 Q 依次接发光二极管 LED，其余端可以悬空。

（2）按表 3-6-3 顺序依次操作，将结果记录在表 3-6-3 内。

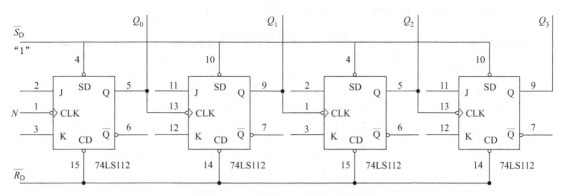

图 3-6-3 四位异步二进制加计数器

表 3-6-3 加计数器功能表

顺序	输入		输出			
	$\overline{R}_D$	N	Q_3	Q_2	Q_1	Q_0
1	0	×				
2	1	↓				
3	1	↓				
4	1	↓				
5	1	↓				
6	1	↓				
7	1	↓				
8	1	↓				
9	1	↓				
10	1	↓				
11	1	↓				
12	1	↓				
13	1	↓				
14	1	↓				
15	1	↓				
16	1	↓				
17	1	↓				
18	1	↓				

（3）按图 3-6-4 用两只 74LS74 双 D 触发器组成四位异步二进制减计数器。

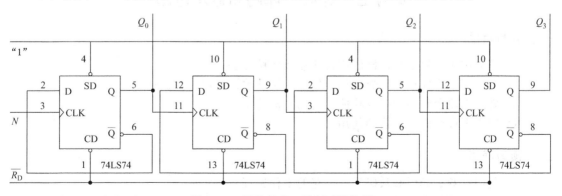

图 3-6-4 四位异步二进制减计数器

（4）按表 3-6-4 顺序依次操作，将结果记录在表 3-6-4 内。

表 3-6-4   减计数器功能表

顺序	输入		输出			
	$\overline{R}_D$	N	Q_3	Q_2	Q_1	Q_0
1	0	×				
2	1	↑				
3	1	↑				
4	1	↑				
5	1	↑				
6	1	↑				
7	1	↑				
8	1	↑				
9	1	↑				
10	1	↑				
11	1	↑				
12	1	↑				
13	1	↑				
14	1	↑				
15	1	↑				
16	1	↑				
17	1	↑				
18	1	↑				

五、实验仪器和元器件

数字电路实验箱一台，直流稳压电源一台；

74LS112 双 J-K 触发器两块；

74LS74 双 D 触发器两块。

六、实验报告要求

（1）整理实验数据；

（2）思考怎样用 J-K 触发器组成减计数器，用 D 触发器组成加计数器。

实验七   计数、译码和显示电路

一、实验目的

（1）掌握中规模集成计数器的逻辑功能及使用方法；

（2）学习用中规模集成计数器构成任意进制计数器的设计方法；

（3）熟悉七段译码器的逻辑功能及使用方法；

（4）熟悉七段数码显示器的使用方法。

二、预习要求

（1）复习计数、译码和数码显示电路的工作原理；

（2）预习中规模集成计数器 74LS160 的逻辑功能和使用方法，熟悉其外引线图。

三、实验原理及参考电路

1. 可预置十进制同步计数器 74LS160

可预置十进制同步计数器 74LS160 的外引线如图 3-7-1 所示，功能表见表 3-7-1。

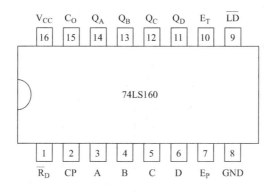

图 3-7-1　74LS160 外引线图

表 3-7-1　74LS160 功能表

输入					输出			
CP	$\overline{LD}$	$\overline{R_D}$	E_P	E_T	Q_D	Q_C	Q_B	Q_A
×	×	0	×	×	0	0	0	0
↑	0	1	×	×	置		数	
↑	1	1	1	1	计		数	
×	1	1	0	×	保		持	
×	1	1	×	0	保		持	

CP 为时钟脉冲输入端，上升沿触发；

$\overline{LD}$ 为置数控制端，低电平有效；

$\overline{R_D}$ 为异步清零端，低电平有效；

E_P、E_T 为使能端；

A、B、C、D 为 BCD8421 码置数输入端；

Q_D、Q_C、Q_B、Q_A 为 BCD8421 码输出端。

2. 4 线-七段译码器 74LS48 和数码管

4 线-七段译码器 74LS48 的外引线图和功能表分别如图 3-7-2 和表 3-7-2 所示。

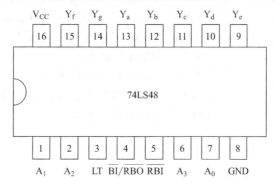

图 3-7-2　74LS48 的外引线排列图

表 3-7-2　74LS48 功能表

十进制或功能	输入						$\overline{BI/RBO}$	输出						
	$\overline{LT}$	$\overline{RBI}$	A_3	A_2	A_1	A_0		Y_a	Y_b	Y_c	Y_d	Y_e	Y_f	Y_g
0	1	1	0	0	0	0	1	1	1	1	1	1	1	0
1	1	×	0	0	0	1	1	0	1	1	0	0	0	0
2	1	×	0	0	1	0	1	1	1	0	1	1	0	1
3	1	×	0	0	1	1	1	1	1	1	1	0	0	1
4	1	×	0	1	0	0	1	0	1	1	0	0	1	1
5	1	×	0	1	0	1	1	1	0	1	1	0	1	1
6	1	×	0	1	1	0	1	0	0	1	1	1	1	1
7	1	×	0	1	1	1	1	1	1	1	0	0	0	0
8	1	×	1	0	0	0	1	1	1	1	1	1	1	1
9	1	×	1	0	0	1	1	1	1	1	0	0	1	1
10	1	×	1	0	1	0	1	0	0	0	1	1	0	1
11	1	×	1	0	1	1	1	0	0	1	1	0	0	1
12	1	×	1	1	0	0	1	0	1	0	0	0	1	1
13	1	×	1	1	0	1	1	1	0	0	1	0	1	1
14	1	×	1	1	1	0	1	0	0	0	1	1	1	1
15	1	×	1	1	1	1	1	0	0	0	0	0	0	0
消隐	×	×	×	×	×	×	0	0	0	0	0	0	0	0
灭零输入	1	0	0	0	0	0	1	0	0	0	0	0	0	0
灯测试	0	×	×	×	×	×	1	1	1	1	1	1	1	1

由表 3-7-2 可见，74LS48 具有以下特点：

（1）消隐（也称灭灯）。只要 $\overline{BI/RBO}$ 接低电平，则无论其他各输入端为何状态，所有各段输出 $Y_a \sim Y_g$ 均为低电平，显示器整体不亮。

（2）译码工作时，$\overline{LT}$、$\overline{BI/RBO}$、$\overline{RBI}$ 都接高电平（可悬空）。

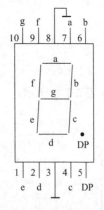

图 3-7-3　数码管外引线排列图

（3）灯测试功能。当灯测试输入（$\overline{LT}$）加入低电平，并且 $\overline{BI/RBO}$ 悬空或保持高电平时，$Y_a \sim Y_g$ 各段输出均为高电平，显示器显示数字"8"。利用这一点常常可用来检查显示器的好坏。

（4）显示器采用七段发光二极管，它有共阴极和共阳极两种，用它可以直接显示十进制数。如图 3-7-3 所示为共阴极数码管 LC5011-11 的外引线图，它与译码器 74LS48 配套使用。图中 DP 为小数点。实验时，译码器 74LS48 的输出 $Y_a \sim Y_g$ 对应接数码管的各段 a～g，然后由译码器的输入端 $A_3 \sim A_0$ 按 BCD8421 码输入逻辑信号，数码管便能显示相应的十进制数字符号。

四、实验内容及步骤

1.计数器和译码器功能测试

按表 3-7-1 和表 3-7-2 分别验证计数器 74LS160 和译码器 74LS48 的功能。

2.十进制计数、译码和显示电路

按图 3-7-4 接线，将 74LS160 的输出端 $Q_D \sim Q_A$ 对应接 74LS48 的输入端 $A_3 \sim A_0$，CP 接单脉冲电路开关，$\overline{R_D}$ 接逻辑电平开关，74LS48 的输出端 $Y_a \sim Y_g$ 对应接数码管 a～g 端，其余各端可以悬空。

接通电源，按动单脉冲电路开关，记录数码管的显示周期。

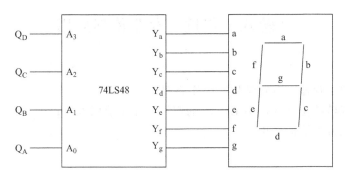

图 3-7-4　计数、译码器和显示电路

3.任意进制计数器

（1）在图 3-7-4 电路的基础上，按图 3-7-5 补接上一个 2 输入与非门，将 $\overline{R_D}$ 原接线断开，改接到与非门的输出端，按动单脉冲电路开关，记录数码管显示的周期。

（2）在图 3-7-5 的基础上，将与非门输出端接到 $\overline{LD}$ 上，将 $\overline{R_D}$ 接高电平，将 74LS160 的 A、B、C、D 都接低电平，按动单脉冲电路开关，记录数码管显示的周期。

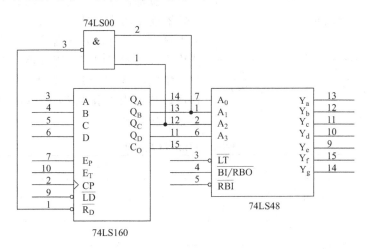

图 3-7-5　六进制计数电路原理图

五、实验仪器及元器件

数字电路实验箱一台，直流稳压电源一台；

74LS00 四 2 输入与非门一块；

74LS48 译码器一块；

74LS160 十进制计数器一块；

七段发光显示器一块。

六、实验报告要求

(1) 译码器功能的验证结果；

(2) 计数器功能的验证结果，整理实验数据；

(3) 画出任意进制计数器的电路图，并列表记录数码管的显示周期。

实验八　移位寄存器及其应用

一、实验目的

(1) 熟悉移位寄存器的电路结构及工作原理；

(2) 掌握中规模移位寄存器 74LS194 的逻辑功能及使用方法；

(3) 学习移位寄存器的应用。

二、预习要求

(1) 复习移位寄存器的工作原理；

(2) 熟悉移位寄存器 74LS194 的逻辑功能及外引线排列，学习其使用方法；

(3) 完成本实验要求的设计内容并画出有关的逻辑图和布线图。

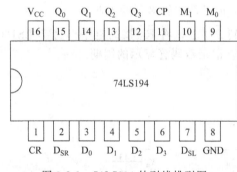

图 3-8-1　74LS194 外引线排列图

三、实验原理及参考电路

1. 移位寄存器的逻辑功能

移位寄存器能实现二进制数码的移位，它由触发器连接而成。具有左移、右移、保持、并行输入输出及串行输入输出等多种功能的移位寄存器称为多功能双向移位寄存器。本实验采用的中规模集成电路 74LS194 就是多功能的四位移位寄存器，其外引线排列如图 3-8-1 所示，表 3-8-1 是它的功能表。

表 3-8-1　74LS194 功能表

功能	输入										输出			
	$\overline{CR}$	M_1	M_0	CP	D_{SL} (左移)	D_{SR} (右移)	D_0	D_1	D_2	D_3	Q_{0n+1}	Q_{1n+1}	Q_{2n+1}	Q_{3n+1}
清除	0	×	×	×	×	×	×	×	×	×	0	0	0	0
保持	1	×	×	0	×	×	×	×	×	×	Q_{0n}	Q_{1n}	Q_{2n}	Q_{3n}
	1	0	0	×							Q_{0n}	Q_{1n}	Q_{2n}	Q_{3n}
送数	1	1	1	↑	×	×	d_0	d_1	d_2	d_3	d_0	d_1	d_2	d_3
右移	1	0	1	↑	×	1	×	×	×	×	1	Q_{0n}	Q_{1n}	Q_{2n}
	1	0	1	↑	×	0					0	Q_{0n}	Q_{1n}	Q_{2n}
左移	1	1	0	↑	1	×	×	×	×	×	Q_{1n}	Q_{2n}	Q_{3n}	1
	1	1	0	↑	0	×					Q_{1n}	Q_{2n}	Q_{3n}	0

2.移位寄存器的应用

移位寄存器除了具有双向移位功能外，还可用于二进制码串、并转换及传输，还可用来构成环行计数器、扭环计数器等。图 3-8-2 是用两片 74LS194 作为四位二进制码串行传输的电路。图中寄存器（Ⅰ）为发送端，寄存器（Ⅱ）为接收端，先将数据 d_0、d_1、d_2、d_3 存入寄存器（Ⅰ），然后用右移操作方式，在 CP 端送入四个单次脉冲，就可将存入寄存器（Ⅰ）的数据送到寄存器（Ⅱ）中，使其输出端 Q_0、Q_1、Q_2、Q_3 为 d_0、d_1、d_2、d_3。

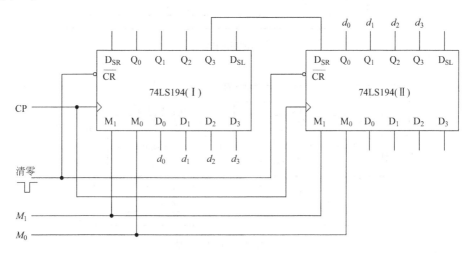

图 3-8-2　二进制码串行传输电路

图 3-8-3 是用 74LS194 构成的环行计数器和扭环计数器。

图 3-8-3(a) 中，将 M_1 作为预置端，在预置脉冲作用下，将寄存器预置为 $Q_0 Q_1 Q_2 Q_3 = 0001$ 状态，然后输入四个移位脉冲，完成一次移位（右移）循环。因此，它是一个模 $M=4$ 的环行计数器。如果需要实现模 $M=8$ 的环行计数器，则需两片 74LS194。这种环行计数器必须在启动计数操作前先将某个数预置在寄存器中，如 $Q_0 Q_1 Q_2 Q_3 = 0001$，然后再进行循环计数。

图 3-8-3(b) 为两片 74LS194 组成的扭环计数器，其最大模 $M=16$。图中把寄存器（Ⅱ）的 Q_2 取反后接到寄存器（Ⅰ）的 D_{SR} 端，即构成 $M=14$ 的扭环计数器。该计数器清零后即可工作。

图 3-8-3(c) 所示是用两片 74LS194 构成的模 $M=13$ 的自启动扭环计数器。

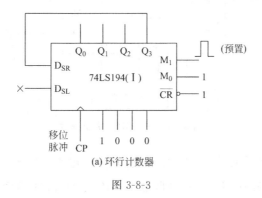

(a) 环行计数器

图 3-8-3

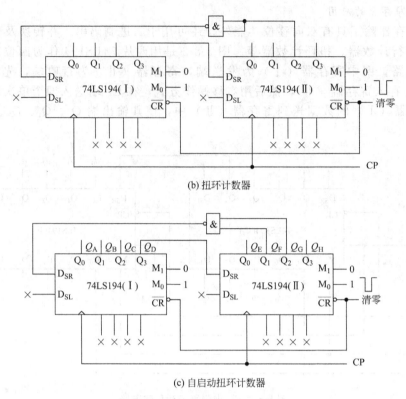

(b) 扭环计数器

(c) 自启动扭环计数器

图 3-8-3　74LS194 双向移位寄存器构成计数器

四、实验内容及步骤

1. 集成移位寄存器 74LS194 的基本功能测试

按图 3-8-4 所示电路接线，将 $\overline{CR}$、M_1、M_0、D_0、D_1、D_2、D_3 接逻辑电平开关，$Q_0 \sim Q_3$ 接发光二极管 LED，然后按表 3-8-1 逐项验证 74LS194 寄存器的逻辑功能。

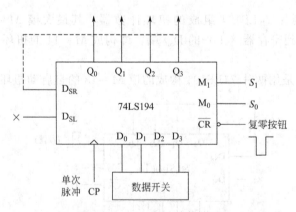

图 3-8-4　74LS194 功能测试

（1）清零：将 $\overline{CR}$ 接低电平，这时 $Q_0 \sim Q_3$ 均为低电平，发光二极管全部熄灭。

（2）保持：将 $\overline{CR}$ 接高电平，CP 接低电平，改变 M_1、M_0 的输入状态，或者 $\overline{CR}$ 接高电平，M_1、M_0 接低电平，CP 端加入单次脉冲，寄存器输出端的状态均保持不变。

（3）送数：将 $\overline{CR}$、M_1、M_0 均接高电平，数据输入开关置为 $D_0D_1D_2D_3=0101$，在 CP 端输入一个单次脉冲，这时寄存器输出为 $Q_0Q_1Q_2Q_3=0101$。

（4）右移：将 Q_3 与 D_{SR} 端相连（如图 3-8-4 的虚线），按上述（3）的方法先将寄存器中存入 $Q_0Q_1Q_2Q_3=0001$ 状态。然后将 M_1 接低电平，M_0 接高电平，寄存器执行右移操作。在 CP 端输入四次单次脉冲，完成一次移位循环。观察并记录发光二极管的变化情况，画出寄存器 Q_0、Q_1、Q_2、Q_3 的状态转换图。

（5）左移：将 Q_3 与 D_{SR} 断开，而将 Q_0 与 D_{SL} 相连，然后将 M_1 接高电平，M_0 接低电平，按上述（4）的方法验证寄存器的左移功能，并画出状态转换图。

2.用 D 触发器构成的移位寄存器

（1）按图 3-8-5（a）接线，用四个 D 触发器构成左移寄存器，先将寄存器预置成 $Q_0Q_1Q_2Q_3=0001$，然后在 CP 端输入单次脉冲，观察寄存器的移位情况，并作记录。

（2）按图 3-8-5（b）接线，用四个 D 触发器构成右移寄存器，按上述方法观察寄存器的移位情况，并作记录。

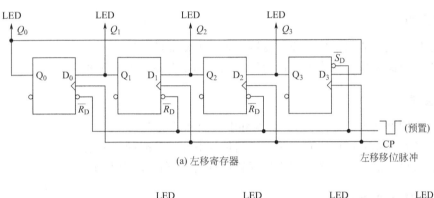

(a) 左移寄存器

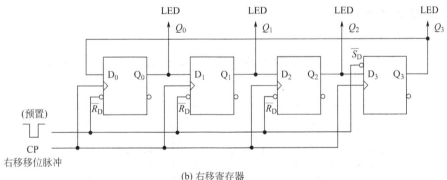

(b) 右移寄存器

图 3-8-5　用 D 触发器构成的移位寄存器

3.移位寄存器 74LS194 的应用（选做）

（1）按图 3-8-2 所示电路接线，实现四位二进制码在两个集成移位寄存器中的传输。$d_0d_1d_2d_3$ 可任选一组四位二进制码，M_1 接低电平，M_0 接高电平，CP 端输入单次脉冲，当送入四个单次脉冲以后，可将存入寄存器（Ⅰ）的码传输至寄存器（Ⅱ）。

（2）按图 3-8-3(b) 接线，在 CP 端输入单次脉冲，观察 $Q_0\sim Q_3$ 输出端的移位方式，且一次循环为 14 个脉冲，即组成模 $M=14$ 的扭环计数器。

（3）按图 3-8-3(c) 接线，组成自启动的扭环计数器，并进行验证，画出寄存器的状态转换图。

五、实验仪器及元器件

数字电路实验箱一台，直流稳压电源一台；

74LS74 双 D 触发器两块；

74LS194 双向移位寄存器两块；

74LS00 四 2 输入与非门一块。

六、实验报告要求

（1）总结 74LS194 的逻辑功能，并对照实验结果说明其移位的方式；

（2）说明 74LS194 双向移位寄存器的应用，总结各电路的实验结果，画出各电路的状态转换图。

实验九　用与非门组成的微分型单稳触发器和多谐振荡器

一、实验目的

（1）掌握利用与非门组成单稳触发器和多谐振荡器的方法；

（2）熟悉电路参数对单稳触发器的暂稳宽度和多谐振荡器的频率的影响。

二、预习要求

（1）熟悉四 2 输入与非门 74LS00 的外引线图和功能表；

（2）熟悉双踪示波器两路同时输入，测量幅值和测量时间的方法；

（3）自行设计好实验表格，理论计算暂稳宽度 t_W 和振荡周期 T。

三、实验原理及参考电路

1.单稳态触发器

用与非门组成的微分型单稳态触发器如图 3-9-1 所示，它的各点工作波形如图 3-9-2 所示。

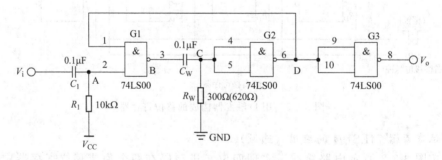

图 3-9-1　微分型单稳态触发器电路

V_i 是由信号源给出的方波信号，经 R_1、C_1 组成的微分电路微分后变为单稳态的触发信号。C_W、R_W 是暂稳宽度的定时器件，单稳态的输出经 G3 隔离，输出为高电平的暂稳方波，其宽度为 $t_W = R_W C_W \ln \dfrac{V_{OH}}{V_{TH}}$，$V_{OH}$ 为 74LS00 与非门输出高电平的电压，$V_{OH} = 3.5V$，V_{TH} 为与非门的阈值电压，$V_{TH} = 1.3V$，代入上式得 $t_W = 1.0 R_W C_W$（s）。

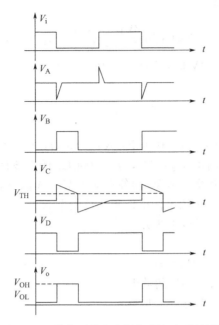

图 3-9-2 微分型单稳态触发器各点的波形

2. 多谐振荡器

利用 74LS00 与非门组成非对称环行振荡电路原理如图 3-9-3 所示，它的各点工作波形如图 3-9-4 所示。

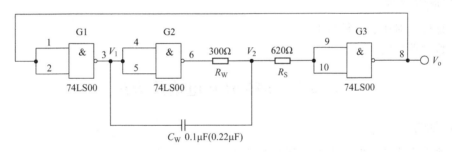

图 3-9-3 实用 RC 环行振荡器

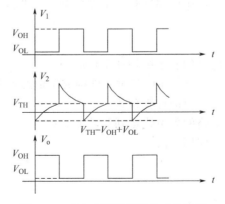

图 3-9-4 RC 多谐振荡器各点的波形

振荡周期为：

$$T = T_1 + T_2 = R_W C_W \ln \frac{2V_{OH} - V_{TH}}{V_{OH} - V_{TH}} + R_W C_W \ln \frac{V_{OH} - V_{TH}}{V_{TH}}$$

当 $V_{OH} = 3.5V$，$V_{TH} = 1.3V$ 时，$T = 2.26 R_W C_W$。

四、实验内容及步骤

1. 单稳态触发器

（1）按图 3-9-1 电路接线，$C_W = 0.1 \mu F$，$R_W = 300\Omega$，$V_{CC} = 5V$。

（2）调好信号源，使其输出 $V_{PP} = 5V$，$f = 1000 Hz$ 的方波信号。

（3）调好示波器，对比观察输入 V_i 和各点输出 V_A、V_B、V_C、V_D、V_o 的波形。

（4）用坐标纸记录波形，注意坐标单位和相位关系。

（5）改取 $R_W = 620\Omega$，重复以上步骤。

2. 多谐振荡器

（1）按图 3-9-3 电路接线，$R_W = 300\Omega$，$V_{CC} = 5V$，$C_W = 0.1 \mu F$。

（2）用示波器观察 V_1、V_2、V_o 的波形。

（3）改取 $C_W = 0.22 \mu F$，重复以上步骤。

五、实验仪器及元器件

数字电路实验箱一台，直流稳压电源一台，示波器一台，集成电路 74LS00 一块，电容 $0.1 \mu F$、$0.22 \mu F$ 各一只，电阻 300Ω、620Ω、$10 k\Omega$ 各一只。

六、实验报告要求

（1）整理、对比、分析数据；

（2）整理波形图。

实验十 555 时基电路及应用

一、实验目的

（1）熟悉集成 555 时基电路的组成及功能；

（2）掌握用 555 时基电路构成单稳态触发器、多谐振荡器和施密特触发器的方法；

（3）进一步熟悉脉冲波形产生电路和整形电路的测量和调试方法。

二、预习要求

（1）复习集成 555 时基电路的基本结构和工作原理；

（2）复习用 555 时基电路和外接 RC 定时元件构成单稳态触发器、多谐振荡器、施密特触发器的电路和输出信号有关参数的计算公式；

（3）熟悉集成 555 时基电路的外引线排列和功能表；

（4）复习数字式频率计的使用方法。

三、实验原理及参考电路

1. 集成 555 时基电路简介

图 3-10-1 是集成 555 时基电路的内部结构框图和外引线排列图。它主要包括两个高精

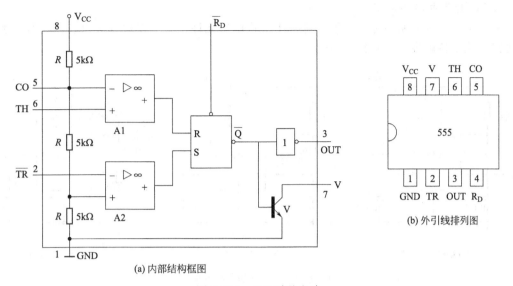

(a) 内部结构框图

(b) 外引线排列图

图 3-10-1 555 时基电路

度的电压比较器（A₁、A₂）、一个 RS 触发器、放电三极管 V 和三只 5kΩ 电阻组成的分压器。

555 时基电路的功能主要取决于两个比较器，当比较器 A2 的触发输入端 $\overline{TR}$ 的电压小于 $\frac{1}{3}V_{CC}$ 时，RS 触发器置 1，时基电路输出为 1，放电管 V 截止；当比较器 A1 的阈值电压输入端电压 U_{TH} 大于 $\frac{2}{3}V_{CC}$ 时，RS 触发器置 0，时基电路输出为 0，放电管 V 导通；当 $U_{TH}<\frac{2}{3}V_{CC}$，$U_{TR}>\frac{1}{3}V_{CC}$ 时，比较器 A1、A2 输出均为 0，RS 触发器将维持原状态不变，因此时基电路输出和放电管 V 的状态不变。

比较器 A1 的反向输入端为控制电压端，用 CO 表示，该输入端通过外接元件和电压源，可改变控制端的电压，从而改变比较器 A1、A2 的参考电压。当 CO 端不用时，经常通过 0.01μF 的电容接地，以防引入干扰电压，此时比较器 A1、A2 的参考电压分别为 $\frac{2}{3}V_{CC}$ 和 $\frac{1}{3}V_{CC}$。$\overline{R_D}$ 端为 RS 触发器的直接置 0 端，该输入端接低电平时，时基电路输出为 0，不用时，$\overline{R_D}$ 应接高电平。

555 时基电路的功能如表 3-10-1 所示。

表 3-10-1 555 时基电路功能表

阈值输入（TH）	触发输入（$\overline{TR}$）	复位端（$\overline{R_D}$）	输出（u_0）	放电管（V）
×	×	0	0	导通
>(2/3)V_{CC}	>(1/3)V_{CC}	1	0	导通
<(2/3)V_{CC}	<(1/3)V_{CC}	1	1	截止
<(2/3)V_{CC}	>(1/3)V_{CC}	1	不变	不变

2.555 时基电路的应用

利用集成 555 时基电路，只要外部配上少许阻容元件，就可以构成单稳态触发器、多谐振荡器和施密特触发器，见图 3-10-2。

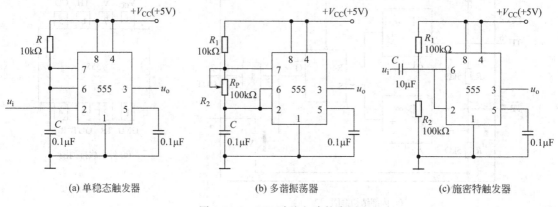

(a) 单稳态触发器　　　　　　　(b) 多谐振荡器　　　　　　　(c) 施密特触发器

图 3-10-2　555 时基电路的应用

（1）单稳态触发器。用集成 555 时基电路构成单稳态触发器如图 3-10-2（a）所示。接通电源以后，V_{CC} 经电阻 R 向电容 C 充电，当电容两端电压 $u_c > \frac{2}{3} V_{CC}$ 时，触发器置 0，时基输出 u_o 低电平，同时放电管 V 导通，电容 C 通过放电管很快放电，此时电路处于稳态。

当触发输入端 $\overline{TR}$ 外加触发信号 u_i、且 $u_i < \frac{1}{3} V_{CC}$ 时，触发器置 1，输出 u_o 变为高电平，放电管 V 截止。此时电容 C 被充电，充电途径为 $+V_{CC}$—R—C—地，电路进入暂稳态。当电容电压 $u_c > \frac{2}{3} V_{CC}$ 时，电路自行翻转，输出 u_o 回到低电平，同时 C 很快通过放电管 V 放电，电路暂稳态结束恢复稳态。

单稳态触发器的输出脉冲宽度即为电路的暂稳态时间，它决定于外部 RC 定时元件的参数，即 $t_{po} \approx 1.1RC$。

（2）多谐振荡器。电路如图 3-10-2（b）所示，接通电源以后，V_{CC} 经电阻 R_1、R_2 向电容 C 充电，当 $u_c > \frac{2}{3} V_{CC}$ 时，触发器置 0，输出 u_o 为低电平。同时放电管 V 导通，电容 C 经过 R_2 和放电管 V 放电，当电容两端电压 $u_c < \frac{1}{3} V_{CC}$ 时，触发器置 1，输出 u_o 变为高电平，同时放电管 V 截止，电容 C 被再次充电。如此周而复始产生振荡，电容两端电压在 $\frac{1}{3} V_{CC} \sim \frac{2}{3} V_{CC}$ 之间变化，而输出 u_o 则为一系列矩形波。输出高电平时间 $t_{PH} \approx 0.7(R_1 + R_2)C$，输出低电平时间 $t_{PL} \approx 0.7R_2C$。振荡周期为 $T = t_{PL} + t_{PH} \approx 0.7(R_1 + 2R_2)C$。

（3）施密特触发器。电路如图 3-10-2（c）所示，将 555 时基电路的阈值输入端 TH 和触发输入端 $\overline{TR}$ 相连，并加入三角波信号（或正弦波）信号 u_i，当 $u_i > \frac{2}{3} V_{CC}$ 时，触发器置 0，输出 $u_o = 0$；当 $u_i < \frac{1}{3} V_{CC}$ 时，触发器置 1，输出 $u_o = 1$。因此，施密特触发器的正向阈

值电压 $U_{T+}=\dfrac{2}{3}V_{CC}$，负向阈值电压 $U_{T-}=\dfrac{1}{3}V_{CC}$，回差电压 $\Delta U_T=U_{T+}-U_{T-}=\dfrac{1}{3}V_{CC}$。

由此可见，施密特触发器输入三角波（或正弦波）时，输出为矩形波。

四、实验内容及步骤

1. 单稳态触发器

按图 3-10-2(a) 接线将 555 时基电路构成单稳态触发器，在输入端加入频率 600Hz、幅值 5V 的脉冲信号（保证信号周期 $T>t_{po}$，并使低电平时间$<t_{po}$），用示波器观察并绘出 u_i、u_C、u_o 的波形，并在图中标出各波形的周期、幅值和脉宽等参数。

2. 多谐振荡器

按图 3-10-2(b) 所示电路接线，将 555 时基电路构成多谐振荡器。

（1）将电位器的阻值调到最大（R_2 最大），接通电源后，用示波器观察并绘出 u_C、u_o 的波形，计算出输出波形的占空比。

（2）调节电位器，改变 R_2 的阻值，再观察 u_C、u_o 波形的变化情况，分别测出占空比为 0.25、0.5、0.75 时 R_2 的大小。

3. 施密特触发器

按图 3-10-2(c) 接线，将 555 时基电路构成施密特触发器，用函数发生器在输入端加入频率 1kHz、幅值 5V 的三角波（或正弦波），用示波器分别观察 u_i 和 u_o 的波形，测量周期和幅值，并在图上求出 U_{T+}、U_{T-} 和回差电压 ΔU_T。

五、实验仪器及元器件

数字电路实验箱一台，直流稳压电源一台，信号源一台，示波器一台，555 集成电路一块，电阻 100kΩ、10kΩ 各两只，电位器 100kΩ 一只，电容 10μF、0.1μF、0.01μF 各一只。

六、实验报告要求

（1）画出各实验电路中的有关波形并在图中标出有关的参数；

（2）讨论单稳态触发器的暂稳态时间 t_{po}；多谐振荡器的高电平时间 t_{PH}、低电平时间 t_{PL}、振荡周期 T；施密特触发器的阈值电压 U_{T+}、U_{T-} 和回差电压 ΔU_T 等测量值与理论值的误差。

实验十一　数模（D/A）和模数（A/D）转换器

一、实验目的

（1）熟悉 D/A 转换器和 A/D 转换器的工作原理；

（2）掌握 D/A 转换器集成芯片 DAC0832 和 A/D 转换器集成芯片 ADC0809 的性能，学习其使用方法。

二、预习要求

（1）复习 D/A 转换器和 A/D 转换器的工作原理；

（2）熟悉 D/A 转换器 DAC0832 和 A/D 转换器 ADC0809 的功能，了解它们的外引线排列和使用方法；

（3）预先画好实验中有关的数据记录表格。

三、实验原理及参考电路

1. D/A 转换器 DAC0832 简介

DAC0832 是 8 位乘法型 CMOS 数模转换器，它可直接与微处理器相连，采用双缓冲寄存器，这样可在输出的同时，采集下一个数字量，以提高转换速度。图 3-11-1 是它的逻辑框图和外引线排列。各引线的功能为：

$D_0 \sim D_7$：8 位数字量输入端，其中 D_0 为最低位（LSB），D_7 为最高位（MSB）。

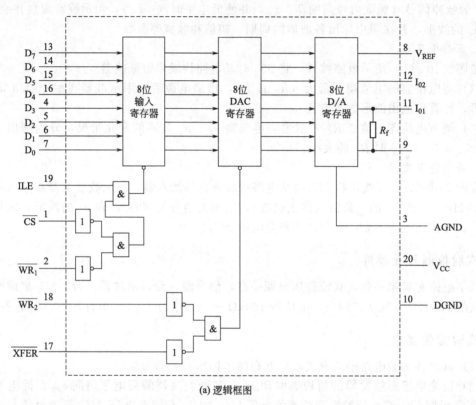

(a) 逻辑框图

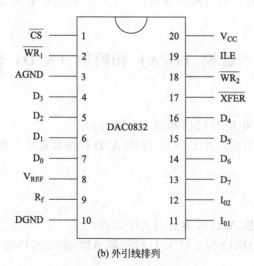

(b) 外引线排列

图 3-11-1　DAC0832 芯片

I_{01}：D/A 输出电流 1 端，当 DAC 寄存器中全都为 1 时，I_{01} 为最大；当 DAC 寄存器中全都为 0 时，I_{01} 最小。

I_{02}：D/A 输出电流 2 端，$I_{01}+I_{02}=$ 常数。

R_f：芯片内的反馈电阻，用来作为外接运放的反馈电阻。

V_{REF}：基准电压输入端，一般取$-10\sim+10V$。

V_{CC}：电源电压，一般为 $5\sim15V$。

DGND：数字电路接地端。

AGND：模拟电路接地端，通常与 DGND 相连。

$\overline{CS}$：片选信号输入端（低电平有效），与 ILE 共同作用，对 $\overline{WR_1}$ 信号进行控制。

ILE：输入寄存器的锁存信号（高电平有效）。当 $ILE=1$ 且 $\overline{CS}$ 和 $\overline{WR_1}$ 均为低电平时，8 位输入寄存器允许输入数据；当 $ILE=0$ 时，8 位输入寄存器锁存数据。

$\overline{WR_1}$：写信号 1（低电平有效），用来将输入数据位送入寄存器中，当 $\overline{WR_1}=1$ 时，输入寄存器的数据被锁定；当 $\overline{CS}=0$，$ILE=1$ 时，在 $\overline{WR_1}$ 为有效电平的情况下，才能写入数字信号。

$\overline{WR_2}$：写信号 2（低电平有效），与 $\overline{XFER}$ 组合，当 $\overline{WR_2}$ 和 $\overline{XFER}$ 均为低电平时，输入寄存器中的 8 位数据给 8 位 DAC 寄存器中；$\overline{WR_2}=1$ 时，8 位 DAC 寄存器锁存数据。

$\overline{XFER}$：传递控制信号（低电平有效），用来控制 $\overline{WR_2}$ 选通 DAC 寄存器。

2. A/D 转换器 ADC0809 简介

ADC0809 是一个带有 8 通道多路开关的能与微处理器兼容的 8 位模数转换器，它是单片 CMOS 器件，采用逐次逼近法进行转换。图 3-11-2 是它的逻辑框图和外引线排列图。各引线的功能为：

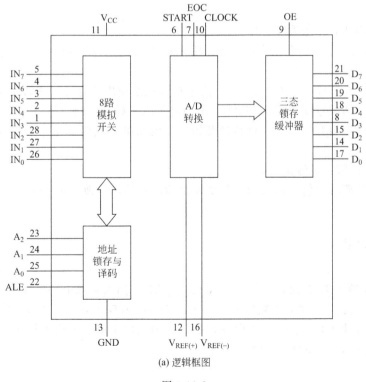

(a) 逻辑框图

图 3-11-2

95

(b) 外引线排列

图 3-11-2 ADC0809 芯片

$IN_0 \sim IN_7$：8 路模拟量输入端。

A_0、A_1、A_2：3 位通道地址输入端，$A_0A_1A_2$ 为三位二进制码，$A_2A_1A_0 = 000 \sim 111$ 时分别选中 $IN_0 \sim IN_7$。

ALE：地址锁存允许输入端（高电平有效），ALE 为高电平时，允许 $A_2A_1A_0$ 所示的通道被选中。

V_{CC}：电源电压，一般为 +5V。

$V_{REF(+)}$、$V_{REF(-)}$：参考电压输入端，用来提供 D/A 转换器权电阻的标准电平。一般 $V_{REF(+)} = 5V$，$V_{REF(-)} = 0V$。

OE：输出允许信号（高电平有效），用来打开三态输出锁存器，将数据送到数据总线。

START：启动信号输入端，START 为高电平时开始 A/D 转换。

EOC：转换结束信号，当 A/D 转换开始时，由高电平变为低电平，转换结束后由低电平变为高电平。

$D_7 \sim D_0$：8 位数字量输出端。

CLOCK：外部时钟信号输入端，改变外接 RC 元件，可改变时钟频率，从而决定 A/D 转换的速度。

四、实验内容及步骤

1. D/A 转换器测试

按图 3-11-3 所示电路接线，将 DAC0832 和 μA741 插入集成电路底座中，接通电源以后将输入数据开关均接 0，即输入数据 $D_7D_6D_5D_4D_3D_2D_1D_0 = 00000000$，并调节运放的调零电位器 R_{P1}，使输出电压 $u_o = 0$。然后按表 3-11-1 输入数字量（由输入数据开关控制），逐次测量输出模拟电压 u_o，并填入表 3-11-1 中。

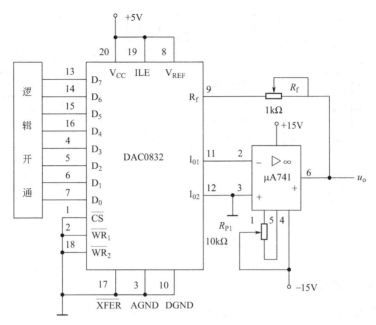

图 3-11-3　DAC0832 实验电路

表 3-11-1　D/A 转换器输出电压

输入数字量								输出模拟电压/V	
D_7	D_6	D_5	D_4	D_3	D_2	D_1	D_0	实测值	理论值
0	0	0	0	0	0	0	0		
0	0	0	0	0	0	0	1		
0	0	0	0	0	0	1	1		
0	0	0	0	0	1	1	1		
0	0	0	0	1	1	1	1		
0	0	0	1	1	1	1	1		
0	0	1	1	1	1	1	1		
0	1	1	1	1	1	1	1		
1	1	1	1	1	1	1	1		

2. A/D 转换器测试

（1）按图 3-11-4 所示电路接线，其中 $D_7 \sim D_0$ 分别接发光二极管 LED，CLOCK 接连续脉冲（频率大于 1kHz）。

（2）调节电位器 R_P，使 u_i 为 4V，再按一次单次脉冲，观察并记录输出端发光二极管 LED 的显示结果。

（3）调节电位器 R_P，再输入单次脉冲，使输出 $D_7 \sim D_0$ 全为高电平，用万用表测量并记录此时的输入模拟电压的大小。

（4）调节电位器 R_P，使输入模拟电压 u_i 分别为 2V、1V、0.5V、0.1V、0V，重复上述实验，每次输入一个单次脉冲，观察并记录每次输出端的状态。

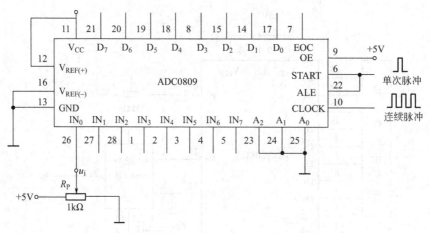

图 3-11-4　ADC0809 实验电路

五、实验仪器和元器件

数字电路实验箱一台，直流稳压电源一台，示波器一台，万用表一块，集成电路 DAC0832、ADC0809、μA741 各一块，电位器 10kΩ、1kΩ 各一只。

六、实验报告要求

（1）总结 DAC0832 的转换结果，并与理论值比较；

（2）以表格形式总结 ADC0809 的转换结果，并与理论值比较。

实验十二　多路智力竞赛抢答器（设计）

一、实验目的

掌握智力抢答器的设计、组装、调试方法。

二、设计任务与要求

1.设计任务

设计一个多路智力竞赛抢答器。

2.设计要求

（1）智力竞赛抢答器可同时供 8 名选手或 8 个代表队参加比赛，他们的编号分别是 0、1、2、3、4、5、6、7，各用一个抢答按钮，按钮的编号与选手的编号相对应，分别是 S0、S1、S2、S3、S4、S5、S6、S7；

（2）给节目主持人设置一个控制开关，用来控制系统的清零和抢答的开始；

（3）抢答器具有数据锁存和显示功能，抢答开始后，若有选手按动抢答按钮，编号立即锁存，并在 LDE 数码管上显示出选手的编号，同时扬声器给出声响提示，此外，要封锁输入电路，禁止其他选手抢答，优先抢答选手的编号一直保持到主持人将系统清零为止；

（4）抢答器具有定时抢答的功能，且一次抢答的时间可由主持人设定，当节目主持人启动"开始"键后，要求定时器立即减计时，并用显示器显示，同时扬声器发出短暂的声响，声响持续时间 0.5s 左右；

（5）参赛选手在设定的时间内抢答有效，定时器停止工作，显示器上显示选手的编号和抢答时刻的时间，并保持到主持人将系统清零；

（6）如果定时抢答的时间已到，却没有选手抢答时，本次抢答无效，系统短暂报警，并封锁输入电路，禁止选手超时抢答，时间显示器上显示00。

三、电路设计

1.设计要点

定时抢答器的总体框图如图 3-12-1 所示，其工作过程是：

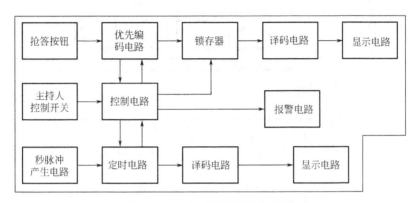

图 3-12-1　定时抢答器总体框图

接通电源时，节目主持人将开关置于"清零"位置，抢答器处于禁止工作状态，编号显示器灭灯，定时显示器显示设定的时间，当节目主持人宣布抢答题目后，说一声"抢答开始"，同时将控制开关拨到"开始"位置，扬声器给出声响提示，抢答器处于工作状态，定时器倒计时。当定时时间到，却没有选手抢答时，系统报警，并封锁输入电路，禁止选手超时抢答。当选手在定时时间内按动抢答键时，抢答器要完成以下四项工作：

（1）优先编码电路立即分辨出抢答者的编号，并由锁存器进行锁存，然后由译码显示电路显示编码；

（2）扬声器发出短暂声响，提醒节目主持人注意；

（3）控制电路要对输入编码电路进行封锁，避免其他选手再次进行抢答；

（4）控制电路要使定时器停止工作，时间显示器上显示剩余的抢答时间，并保持到主持人将系统清零为止，当选手将问题回答完毕，主持人操作控制开关，使系统回复到禁止工作状态，以便进行下一次抢答。

2.抢答电路设计

抢答电路的功能有两个：一是能分辨出选手按键的先后，并锁存优先抢答者的编号，供译码显示电路用；二是要使其他选手的按键操作无效。选用优先编码器 74LS148 和 RS 锁存器 74LS279 可以完成上述功能，其电路组成如图 3-12-2 所示。

当主持人控制开关处于"清零"位置时，RS 触发器的 R 端为低电平，输出端（$Q_4 \sim Q_1$）全部为低电平。于是 74LS48 的 $BI=0$，显示器灭灯；74LS148 的选通输入端 $ST=0$，74LS148 处于工作状态，此时锁存电路不工作。当主持人把开关拨到"开始"位置时，优先编码电路和锁存电路同时处于工作状态，即抢答器处于等待状态，等待输入端 $\overline{I_7} \sim \overline{I_0}$ 输入信号，当有选手将键按下时（如按下 S_5），74LS148 的输出 $\overline{Y_2}\,\overline{Y_1}\,\overline{Y_0}=010$，$\overline{Y_{EX}}=0$，经 RS 锁存器后，$CTR=1$，$BI=1$，74LS279 处于工作状态，$Q_4Q_3Q_2=101$，经 74LS48 译码后，

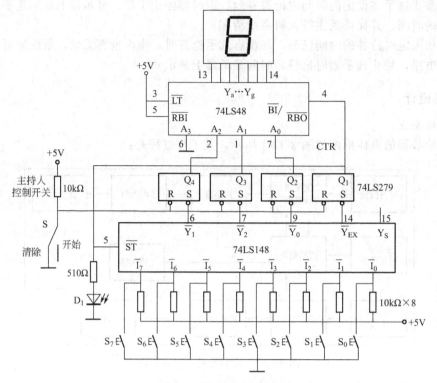

图 3-12-2　抢答电路图

显示器显示出"5"。此外，$CTR=1$，使 74LS148 的 ST 为高电平，74LS148 处于禁止工作状态，封锁了其他按键的输入。当按下的键松开后，74LS148 的 $\overline{Y_{EX}}$ 为高电平，但由于 CTR 维持高电平不变，所以 74LS148 仍处于禁止工作状态，其他按键的输入信号不会被接收，这就保证了抢答者的优先性以及抢答电路的准确性。当优先抢答者回答完问题后，由主持人操作控制开关 S，使抢答电路复位，以便进行下一轮抢答。

3. 定时电路设计

节目主持人根据抢答题的难易程度，设定一次抢答时间，通过预置时间电路对计数器进行预置，选用十进制同步加/减计数器 74LS192 进行设计，计数器的时钟脉冲由秒脉冲电路提供，具体电路如图 3-12-3 所示。

4. 报警电路设计

由 555 定时器和晶体管构成的报警电路如图 3-12-4 所示，其中 555 构成多谐振荡器，振荡频率为：

$$f_0 = \frac{1}{(R_1 + 2R_2)C\ln 2} \approx \frac{1.43}{(R_1 + 2R_2)C_1}$$

其输出信号经晶体管推动扬声器。PR 为控制信号，当 PR 为高电平时多谐振荡器工作，反之电路停振。

5. 时序控制电路设计

时序控制电路是抢答器设计的关键，它要完成以下三项功能：

（1）主持人将控制开关拨到"开始"位置时，扬声器发声，抢答电路和定时电路进入正常工作状态；

（2）当参赛选手按动抢答键时扬声器发声，抢答电路和定时电路停止工作；

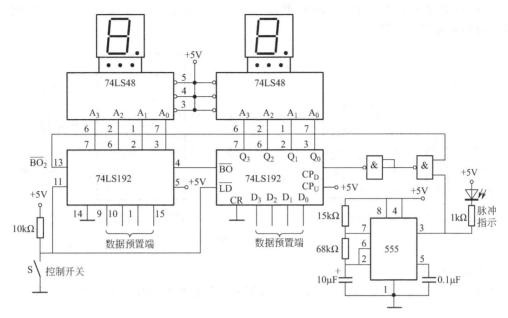

图 3-12-3　可预置时间的定时电路

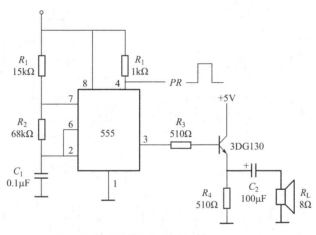

图 3-12-4　报警电路

（3）当设定的抢答时间到，无人抢答时扬声器发声，抢答电路和定时电路停止工作。

根据上面的功能要求以及图 3-12-2 和图 3-12-3，设计的时序控制电路如图 3-12-5 所示。图中门 G_1 的作用是控制时钟信号 CP 的放行与禁止，门 G_2 的作用是控制 74LS148 的输入使能端 ST。图 3-12-5（a）的工作原理是：主持人控制开关从"清除"位置拨到"开始"位置时，来自于图 3-12-2 中的 74LS279 的输出 $CTR=0$，经 G_3 反相，$A=1$，则从 555 输出端来的时钟信号 CP 能够加到 74LS192 的 CP_D 时钟输入端，定时电路进行递减计时，在定时时间未到时，来自于图 3-12-3 的 74LS192 的借位输出端 $\overline{BO_2}=1$，门 G_2 的输出 $\overline{ST}=0$，使 74LS148 处于正常状态，从而实现功能（1）的要求；当选手在定时时间内按动抢答键时，$CTR=1$，经 G_3 反相，$A=0$，封锁 CP 信号，定时器处于保持状态，门 G_2 的输出 $\overline{ST}=1$，74LS148 处于禁止工作状态，从而实现功能（2）的要求；当定时时间到时，来自 74LS192 的 $\overline{BO_2}=0$，$\overline{ST}=1$，74LS148 处于禁止工作状态，禁止选手进行抢答，门 G_1 同时处于关门状态，封锁 CP 信号，使定时电路为 00 状态，从而实现功能（3）的要求，74LS121 用于控制报警电路及发声的时间。

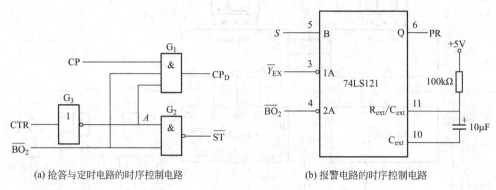

(a) 抢答与定时电路的时序控制电路　　　　(b) 报警电路的时序控制电路

图 3-12-5　时序控制电路

6.整机电路设计

经过以上各单元电路的设计，可以得到定时抢答器的整机电路，如图 3-12-6 所示。

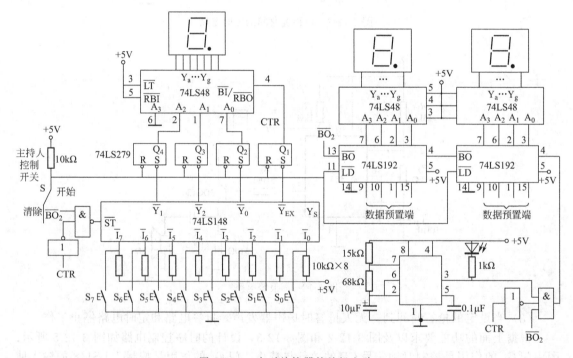

图 3-12-6　定时抢答器的整机电路

四、电路安装与调试

（1）由图 3-12-1 所示的定时抢答器总体框图，按照信号的流向分级安装，逐级级联。

（2）调试抢答电路，检查控制开关是否正常工作，按键按下时，应显示对应的数码，再按下其他键时，数码管显示的数值不变；

（3）用示波器观察定时电路的定时时间是否准确，检查预置电路预置、显示是否正确；

（4）检查报警电路是否正确工作。

实验十三　数字电子钟（设计）

一、实验目的

（1）了解用集成电路构成数字电子钟的基本电路；

（2）熟悉基本 RS 触发器、单稳态触发器、时钟发生器及计数、译码和显示等单元电路的综合应用；

（3）学习数字式计数器的设计与调试方法。

二、设计任务与要求

1. 设计任务

设计制作一台数码管显示的数字钟。

2. 设计要求

（1）时钟具有显示星期、时、分、秒的功能；

（2）具有快速校准时、分、秒的功能；

（3）具有整点报时的功能，在离整点前 10s 时，便自动发出鸣叫声，步长 1s，每隔 1s 鸣叫一次，前 4 响是低音，后 1 响为高音，共鸣叫 5 次，最后 1 响结束时为整点；

（4）整点报时高音为 1000Hz；

（5）计时准确度为每天误差不超过 10s。

三、电路设计

1. 设计要点

数字钟一般由振荡器、分频器、计数器、译码器、显示器等几部分组成，这些都是数字电路中应用最广的基本电路，原理框图如图 3-13-1 所示。石英晶体振荡器产生的时标信号送到分频器，分频电路将时标信号分成每秒一次的方波秒信号。秒信号送入计数器进行计数，并把累计的结果以"时""分""秒"的数字显示出来。"秒"的显示由两级计数器和译码器组成的六十进制计数电路实现；"分"的显示电路与"秒"相同，"时"的显示由两级计数器和译码器组成的二十四进制电路来实现，所有计时结果由 6 位数码管显示。

2. 原理分析

数字钟逻辑电路如图 3-13-2 所示：

（1）英晶体振荡器。振荡器是电子钟的核心，用它产生标准频率信号，再由分频器分成秒时间脉冲，振荡器振荡频率的精度与稳定度基本上决定了钟的准确度。

振荡电路是由石英晶体、微调电容与集成反相器等元件构成的，原理图如图 3-13-3 所示。图中门 G_1、门 G_2 是反相器，门 G_1 用于振荡，门 G_2 用于缓冲整形，R_F 为反馈电阻，反馈电阻的作用是为反相器提供偏置，使其工作在放大状态。反馈电阻 R_F 的值选取太大，会使放大器偏置不稳甚至不能正常工作；R_F 值太小又会使反馈网络负担加重。图中 C_1 是频率微调电容，一般取 $5\sim35pF$。C_2 是温度特性校正电容，一般取 $20\sim40pF$。电容 C_1、C_2 与晶体共同构成 π 型网络，以控制振荡频率，并使输入输出移相 $180°$。

石英晶体振荡器的振荡频率稳定，输出波形近似于正弦波，可用反相器整形而得到矩形脉冲输出。

（2）分频器。时间标准信号的频率很高，要得到秒脉冲，需要分频电路。目前多数石英电子表的振荡频率为 $2^{15}=32768Hz$，用 15 位二进制计数器进行分频后可得到 1Hz 的秒脉冲

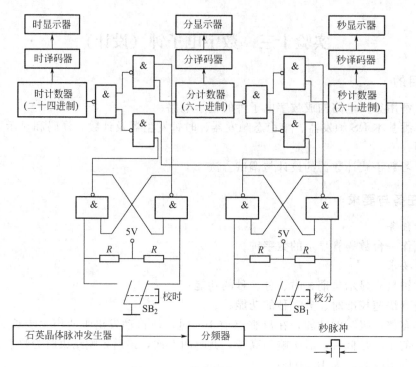

图 3-13-1　数字钟的原理框图

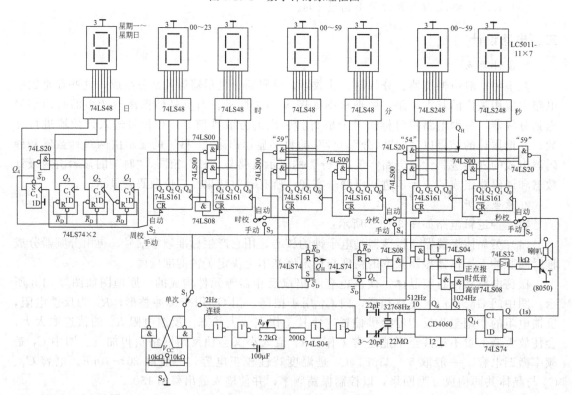

图 3-13-2　数字钟逻辑电路图

信号，也可采用单片 CMOS 集成电路实现。

（3）计数器。

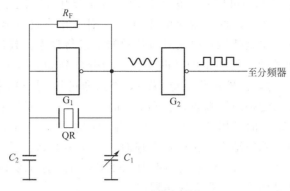

图 3-13-3　晶体振荡器

① 六十进制计数。计数器的电路形式很多，一般都是由一级十进制计数器和一级六进制计数器组成的。图 3-13-4 所示是用两块中规模集成电路 74LS160 按反馈置零法串接而成的秒计数器的十位和个位，输出脉冲除用作自身清零外，同时还作为"分"计数器的输入信号。分计数器电路与秒计数器相同。

② 二十四进制计数。图 3-13-5 所示为二十四进制小时计数器，是用 2 片 74LS160 组成的，也可用 2 块中规模集成电路 74LS160 和与非门构成。

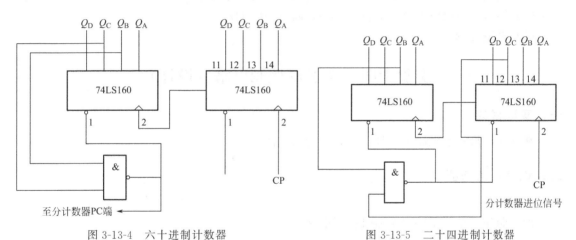

图 3-13-4　六十进制计数器　　　　　　　图 3-13-5　二十四进制计数器

（4）译码和显示电路。译码就是把给定的代码进行翻译，变成相应的状态，用于驱动 LED 七段数码管，只要在它的输入端输入 8421 码，七段数码管就能显示十进制数字。

（5）校准电路。校准电路实质上是一个由基本 RS 触发器组成的单脉冲发生器，如图 3-13-6 所示。从图中可知，未按按钮 SB 时，与非门 G_2 的一个输入端接地，基本 RS 触发器处于 1 状态，即 $Q=1$，$\overline{Q}=0$，这时数字钟正常工作，分脉冲能进入分计数器，时脉冲也能进入时计数器。按下 SB 时，与非门 G_1 的一个输入端接地，于是基本 RS 触发器翻转为 0 状态，即 $Q=0$，$\overline{Q}=1$。若所按的是校分的

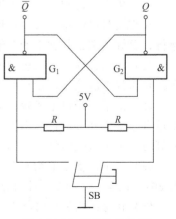

图 3-13-6　单脉冲发生器

按钮 S_4，则单脉冲或连续脉冲可以直接进入分计数器而分脉冲被阻止进入，因而能较快地校准分计数器的计数值。若所按的是校时的按钮 S_3，则单脉冲或连续脉冲可以直接进入时计数器而时脉冲被封锁，于是就能较快地对时计数器值进行校准。校准后将校正按钮释放，使其恢复原位，数字钟继续进行正常的计时工作。当分计到 59min 时，将分触发器 Q_H 置 1，而等到秒计数到 54s 时，将秒触发器 Q_L 置 1，然后通过 Q_L 与 Q_H 相与后，再和 1s 标准秒信号相与，输出控制低音扬声器鸣叫，直到 59s 时，产生一个复位信号，使 Q_L 清零，低音鸣叫停止；同时 59s 信号的反相又和 Q_H 相与，输出控制高音扬声器鸣叫。当分、秒计数从 59：59 变为 00：00 时，鸣叫结束，完成整点报时。电路中的高、低音信号分别由 CD4060 分频器的输出端 Q_5 和 Q_6 产生。Q_5 输出频率为 1024Hz，Q_6 为 512Hz。高、低两种频率的信号通过或门输出驱动晶体管 T，带动扬声器鸣叫。

四、电路调试

（1）画出电路原理图；

（2）按电路原理图接线，认真检查电路是否正确；

（3）调试振荡器电路，使振荡频率为 32768Hz；

（4）测试 74LS74 的 Q 端输出频率；

（5）调试校准电路，按秒校、分校、时校、周校顺序调整；

（6）调试整点报时电路，低音 512Hz、高音 1024Hz；

（7）电路统调。

实验十四　交通灯控制电路（设计）

一、实验目的

掌握交通灯控制电路的设计、组装和调试方法。

二、设计任务与要求

1. 设计任务

设计制作一个十字路口交通灯控制电路。

2. 设计要求

由一条主干道和一条支干道的汇合点形成十字交叉路口，为确保车辆安全、迅速通行，

在交叉路口的每个入口处设置了红、绿、黄三色信号灯，红灯亮禁止通行，绿灯亮允许通行，黄灯亮则给行驶中的车辆有时间停靠到禁行线之外，设计要求如下：

（1）用红、绿、黄三色发光二极管作信号灯，用传感器或用逻辑开头代替传感器作检测车辆是否到来的信号，设计制作一个交通灯控制器。

（2）由于主干道车辆较多而支干道车辆较少，所以主干道处于常允许通行的状态，而支干道有车来才允许通行，当主干道允许通行亮绿灯时，支干道亮红灯。而支干道允许通行亮绿灯时，主干道亮红灯。

（3）当主、支干道均有车时，两者交替允许通行，主干道每次放行 24s，支干道每次放行 20s，设立 24s 和 20s 计时显示电路。

（4）在每次由亮绿灯转变成亮红灯的转换过程中间，要亮 4s 的黄灯作为过渡，以使行驶中的车辆有时间停到禁止线以外，设置 4s 计时显示电路。

三、电路设计

1. 设计要点

（1）在主干道和支干道的入口处设立传感器检测电路以检测车辆进出情况，并及时向主控电路提供信号，调试时可用数字开关代替。

（2）系统中要求有 24s、20s、4s 三种定时信号，需要设计三种相应的定时显示电路，计时方法可以顺时计，也可以用倒计时，定时的起始信号由主控电路给出，定时时间结束的信号也输入主控电路，并通过主控电路去启、闭三色交通灯或启动另一种计时电路。

（3）主控电路自然是本题的核心，它的输入信号来自车辆检测信号和来自 24s、20s、4s 三个定时信号。

主控电路的输出一方面经译码后分别控制主干道和支干道的三个信号灯，另一方面控制定时电路的启动，属于时序逻辑电路，应该按照时序逻辑电路的设计方法设计，也可以采用储存器电路实现，即将传感信号和定时信号经过编码所得的代码作为储存器的地址信号，由储存器数据信号去控制交通灯。

分析交通灯的点亮规则，可以归结为表 3-14-1 的四种态序。

表 3-14-1　交通灯态序表

态序	主干道	支干道	时间
1	绿灯亮　允许通行	红灯亮　不许通行	24s
2	黄灯亮　停　　车	红灯亮　不许通行	4s
3	红灯亮　不许通行	绿灯亮　允许通行	20s
4	红灯亮　不许通行	黄灯亮　停　　车	4s

（4）根据设计任务和要求，交通灯控制电路的逻辑电路如图 3-14-1 所示。

（5）若十字路口每个方向绿、黄、红灯所亮的时间比例分别为 5∶1∶6。若选 4s 为一个时间单位，则计数器每 4s 输出一个脉冲。

（6）计数器每次工作循环周期为 12，所以可以选用十二进制计数器。计数器可以用单触发器组成，也可以用中规模集成计数器，这里选取用 8 位移位寄存器 74LS164 组成的扭环形十二进制计数器，由此可列出东西方向和南北方向绿、黄、红灯的逻辑表达式：

东西方向　　绿：$EWG = \overline{Q_4}\,\overline{Q_5}$

黄：$EWY = \overline{Q_4}Q_5$　（$EWY = EWY\,CP_1$）

红：$EWR = \overline{Q_5}$

南北方向　　绿：$NSG = \overline{Q_4}\,\overline{Q_5}$　（$NSY = NSYCP_1$）

黄：$NSY = Q_4\,\overline{Q_5}$

红：$NSR = Q_5$

由于黄灯要求闪烁几次，所以用时 1s 和 EWY 或 NSY 黄灯信号相与即可。

（7）显示控制部分，实际是一个定时控制电路。当绿灯亮时，使减法计数器开始工作，每来一个秒脉冲使计数器减 1，直到计数器为 0。译码显示可用 74LS248 BCD 码七段译码器（与 74LS48 功能一样），显示器用 LC5011-11 共阴极 LED 显示器，计数器采用可预置加、减法计数器，如 74LS168、74LS193 等。

（8）手动/自动控制可用一个选择开关进行。置开关在手动位置，输入单次脉冲，可使交通灯处在某一位置上；置开关在自动位置时，则交通信号灯按自动循环工作方式运行。

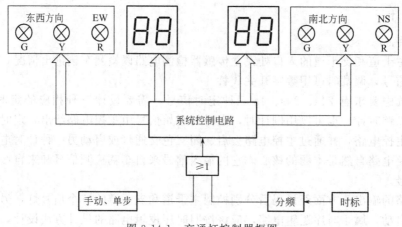

图 3-14-1 交通灯控制器框图

2.电路说明

根据设计任务和要求，交通信号灯控制电路如图 3-14-2 所示。

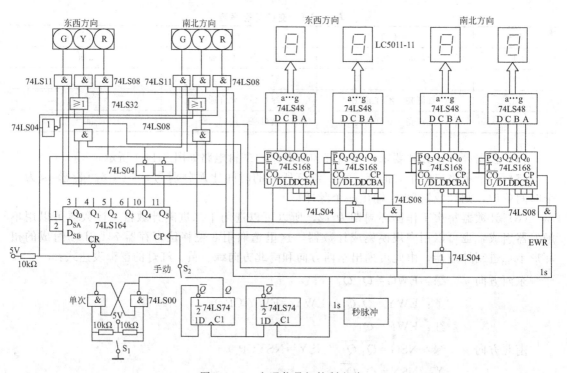

图 3-14-2 交通信号灯控制电路

（1）单次手动及脉冲电路。单次脉冲是由两个与非门组成的 RS 触发器产生的，当按下"S_1"时，有一个脉冲输出使 74LS164 移位计数，实现手动控制。S_2 在自动位置时，秒脉冲电路经分频器（4 分频）输出，使 74LS164 每 4s 向前移一位（计数 1 次），秒脉冲电路可用晶振或 RC 振荡电路构成。

（2）控制器部分。控制器部分由 74LS164 组成环形计数器，经译码后输出十字路口南北、东西两个方向的控制信号。

（3）数字显示部分。当南北方向绿灯亮，而东西方向红灯亮时，使南北方向的 74LS168

以减法计数器方式工作，从数字 24 开始往下减，当减到 0 时南北方向绿灯灭、红灯亮，而东西方向红灯灭，绿灯亮。由于东西方向红灯灭信号，使与门关断，减法计数器工作结束，而南北方向红灯亮，使另东西方向减法计数器开始工作。

在减法计数开始之前，由黄灯亮信号使减法计数器先置入数据，图中接入 U/D 和 LD 的信号就是由黄灯亮（为高电平）时置入数据的，黄灯灭而红灯亮开始减计数。

四、电路安装与调试

（1）画出电路原理图；

（2）按照电路原理图认真接线；

（3）调试控制电路部分；

（4）调试数字显示电路部分；

（5）电路统调。

第四章 模拟电子技术实验基础知识

第一节 半导体分立器件

目前，集成电路发展很快，应用广泛，在不少场合已取代了分立器件，但分立器件绝不会被淘汰，在某些领域（如大功率），分立器件也在不断发展，下面就分立器件的选择以及应用中的有关问题进行介绍。

一、半导体器件的命名方法

1.我国半导体器件命名法

根据中华人民共和国国家标准——半导体分立器件型号命名法（GB/T 249—2017），器件型号由五部分组成，前三部分如表 4-1-1 所示，第四部分用数字表示器件序号，第五部分用汉语拼音字母表示规格号。但场效应管、特殊半导体器件、PIN 管、复合管和激光器件只用后三部分表示。

表 4-1-1　我国半导体器件的命名方法

第一部分		第二部分		第三部分		第四部分		第五部分	
用数字表示器件的电极数目		用汉语拼音字母表示器件的材料和极性		用汉语拼音字母表示器件的类别		用数字表示器件序号		用汉语拼音字母表示器件规格号	
符号	意义	符号	意义	符号	意义	符号	意义	符号	意义
2	二极管	A	N 型　锗材料	P	小信号管				
		B	P 型　锗材料	H	混频管				
		C	N 型　硅材料	V	检波管				
		D	P 型　硅材料	W	电压调整管和电压基准管				
		E	化合物或合金材料	C	变容管				
3	三极管	A	PNP　锗材料	Z	整流管				
		B	NPN　锗材料	L	整流堆				
		C	PNP　硅材料	S	隧道管				
		D	NPN　硅材料	N	噪声管				
		E	化合物或合金材料	K	开关管				
				F	限幅管				
				X	低频小功率晶体管				
				G	高频小功率晶体管				
				D	低频大功率晶体管				
				A	高频大功率晶体管				
				T	闸流管				
				Y	体效应器件				
				B	雪崩管				
				J	阶跃恢复管				

示例：

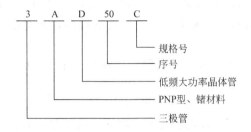

2. 国际电子联合会半导体器件命名法

德国、法国、意大利、荷兰、比利时、波兰和匈牙利等欧洲国家，大都采用国际电子联合会规定的命名方法。这种方法的组成部分及符号意义如表 4-1-2 所示。在表中所列四个基本部分后面，有时还加后缀，以区别特性或进一步分类。

表 4-1-2　国际电子联合会半导体器件命名法

第一部分		第二部分				第三部分		第四部分	
用字母表示使用的材料		用字母表示类型及主要特征				用数字或字母加数字表示登记号		用字母对同型号者分挡	
符号	意义	符号	意义	符号	意义	符号	意义	符号	意义
A	锗材料	A	检波、开关和混频二极管	M	封闭磁路中的霍尔器件	三位数字	通用半导体器件的登记序号（同一类型使用同一登记号）	A B C D …	同一型号器件按某一参数进行分挡的标志
		B	变容二极管	P	光敏器件				
B	硅材料	C	低频小功率三极管	Q	发光器件				
		D	低频大功率三极管	R	小功率晶闸管				
C	砷化镓	E	隧道二极管	S	小功率开关管	一个字母加两位数字	专用半导体器件的登记号（同一类型器件使用同一登记号）		
		F	高频小功率三极管	T	大功率晶闸管				
D	碘化锑	G	复合材料和其他器件	U	大功率开关管				
		H	磁敏器件	X	倍增二极管				
R	复合材料	K	开放磁路中的霍尔器件	Y	整流二极管				
		L	高频大功率三极管	Z	稳压二极管即齐纳二极管				

稳压二极管型号后缀的第一部分是一个字母，表示稳定电压值的允许误差范围，第二部分是数字，表示标称稳定电压的整数数值，第三部分是字母 V，是小数点的代号，第四部分是数字，表示标称稳定电压的小数数值。

整流二极管型号的后缀是数字，表示最大反向峰值和最大反向开断电压（通常表示其最小值）。

国际电子联合会晶体管型号命名法的特点：

（1）这种命名法被欧洲许多国家采用。因此，凡型号以两个字母开头，并且第一个字母是 A、B、C、D 或 R 的晶体管，大都是欧洲制造的产品，或是按欧洲的某一厂家专利生产的产品。

（2）第一个字母表示材料（A 表示锗管，B 表示硅管），但不表示管型（PNP 型或 NPN 型）。

（3）第二个字母表示器件的类别和主要特点。如 C 表示低频小功率管，D 表示低频大功率管，F 表示高频小功率管，L 表示高频大功率三极管等。若记住了这些字母的意义，不查手册也可以判断出类别。例如，BLY49 型，一见便知是硅大功率专用三极管。

（4）第三部分表示登记顺序，是三位数字者为通用品，是一个字母加两位数字者为专用品，多数情况下顺序号相邻的两个型号的特性相近的可能性很大，例如，AC184 为 PNP 型，而 AC185 则为 NPN 型，二者参数完全一致。

（5）第四部分字母表示同一型号的某一参数（如 h_{FE} 或 NF）进行分挡。

（6）型号中的符号均不反映器件的极性（指 NPN 或 PNP）。极性的确定需查阅手册或测量。

示例：

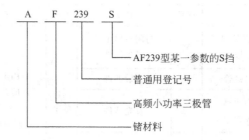

3. 美国半导体器件型号命名法

美国晶体管或其他半导体器件的型号命名法较混乱，这里介绍的是美国晶体管标准型号命名法，即美国电子工业协会（EIA）规定的晶体管分立器件型号的命名法，如表 4-1-3 所示。

表 4-1-3　美国电子工业协会半导体器件型号命名法

第一部分		第二部分		第三部分		第四部分		第五部分	
用符号表示用途的类别		用数字表示PN结的数目		美国电子工业协会（EIA）注册标志		美国电子工业协会（EIA）登记顺序号		用字母表示器件分挡	
符号	意义	符号	意义	符号	意义	符号	意义	符号	意义
JAN或J	军用品	1	二极管	N	该器件已在美国电子工业协会登记	多位数字	该器件在美国电子工业协会登记的序号	A B C D …	同一型号的不同挡别
		2	三极管						
无	非军用品	3	三个PN结器件						
		n	n 个PN结器件						

示例：

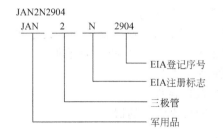

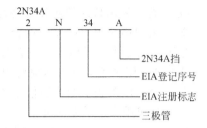

美国晶体管型号命名法的特点：

（1）型号命名法规定较早，又未做过改进，型号内容很不完备。例如，对于材料、极性、主要特性和类型，在型号中不能反映出来。例如，2N 开头的既可能是一般晶体管，也可能是场效应管。此外，仍有一些厂家按自己规定的型号命名法命名。

（2）组成型号的第一部分是前缀，第五部分是后缀，中间的三部分为型号的基本部分。

（3）除去前缀以外，凡型号以 1N、2N 或 3N…开头的晶体管分立元件，大都是美国制造的，或按美国专利在其他国家制造的产品。

（4）第四部分数字只表示登记序号，而不含其他意义。因此，序号相邻的两个器件可能特征相差很大。例如，2N2464 为硅 NPN，高频大功率管，而 2N3465 为 N 沟道场效应管。

（5）不同厂家生产的性能基本一致的器件，都是用一个登记号。同一型号中某些参数的差异常用后缀字母表示。因此，型号相同的器件可以通用。

（6）登记序号数大的通常是近期产品。

4.日本半导体器件型号命名法

日本半导体分立器件（包括晶体管）或其他国家按日本专利生产的这类器件，都是按日本工业标准（JIS）规定的命名法（JIS-C-702）命名的。

日本半导体分立器件的型号，由五至七部分组成。通常只用到前五部分。前五部分符号及意义如表 4-1-4 所示。第六、第七部分的符号及意义通常是各公司自行规定的。

表 4-1-4　日本半导体器件型号命名法

第一部分		第二部分		第三部分		第四部分		第五部分	
用数字表示类型或有效电极数		S 表示日本电子工业协会（EIAJ）注册产品		用字母表示器件的极性及类型		用数字表示在日本电子工业协会登记的顺序号		用字母表示对原来型号的改进产品	
符号	意义	符号	意义	符号	意义	符号	意义	符号	意义
0	光电（光敏）二极管、晶体管及其组合管			A B C D F G H J K	PNP 型高频管 PNP 型低频管 NPN 型高频管 NPN 型低频管 P 控制极晶闸管 N 基极单结晶体管 P 沟道场效应管 N 沟道场效应管 双向晶闸管			A B C D E F …	
1	二极管								
2	三极管、具有两个以上 PN 结的其他晶体管	S	表示已在日本电子工业协会（EIAJ）注册登记的半导体器件			四位以上的数字	从 11 开始表示在日本电子工业协会注册登记的顺序号，不同公司性能相同器件可以使用同一顺序号，其数字越大越是近期产品		用字母表示对原来型号的改进产品
3	具有四个有效电极或具有三个 PN 结的晶体管								
$n-1$	具有 n 个有效电极或具有 $n-1$ 个 PN 结的晶体管								

第六部分的符号表示特殊的用途及特性，其常用的符号有：

M——松下公司用来表示该器件符合日本防卫厅海上自卫队参谋部的有关标准。

N——松下公司用来表示该器件符合日本广播协会（NHK）的有关标准。

Z——松下公司用来表示专为通信用的可靠性高的器件。

H——日立公司用来表示专为通信用的可靠性高的器件。

K——日立公司用来表示专为通信用塑封外壳的可靠性高的器件。

T——日立公司用来表示专为收发报机用的推荐产品。

G——东芝公司用来表示专为通信用设备制造的器件。

S——三洋公司用来表示专为通信设备制造的器件。

第七部分的符号，常被用来作为器件某个参数的分挡标志。例如，三菱公司常用 R、G、Y 等字母；日立公司常用 A、B、C、D 等字母，作为直流电路放大系数 h_{FE} 的分挡标志。

示例：

2SA495（日本夏普公司 GF-9494 收音机小功率管）

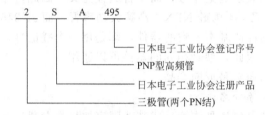

2SC502A（日本收音机中常用的中频放大管）

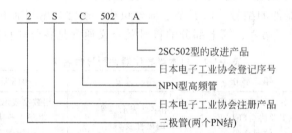

日本半导体器件型号命名法有如下特点：

（1）型号中的第一部分是数字，表示器件的类型和有效电极数。例如，用"1"表示二极管，用"2"表示三极管。而屏蔽用的接地电极不是有效电极。

（2）第二部分均为字母 S，表示日本电子工业协会注册产品，而不表示材料和极性。

（3）第三部分表示极性和类型。例如用 A 表示 PNP 型高频管，用 J 表示 N 沟道场效应三极管。但是，第三部分既不表示材料，也不表示功率的大小。

（4）第四部分只表示在日本电子工业协会（EIAJ）注册登记顺序号，并不反映器件的性能，顺序号相邻的两个器件的某一性能可能相差很大。例如，2SC2680 型的最大额定耗散功率为 220mW，而 2SC2681 的最大额定耗散功率为 100W。但是，登记顺序号能反映产品时间先后。登记顺序号的数字越大，越是近期产品。

（5）第五部分表示对原来型号的改进产品。

（6）第六、第七部分的符号和意义各公司不完全相同。

（7）日本有些半导体分立器件的外壳上标记的型号，常采用简化标记方法，即把 2S 省略。例如，2SD764 简化为 D764，2SC502A 简化为 C502A。

（8）在低频管（2SB 和 2SD 型）中，也有工业频率很高的管子。例如，2SD355 的特征频率为 100MHz，所以，它们也可以当高频管用。

（9）日本通常把 $P_{CM} \geqslant 1W$ 的管子，称作大功率管。

二、二极管

二极管按材料分有锗二极管和硅二极管；按结构分为有点接触和面接触两种；按用途分有整流二极管、高频整流二极管、阻尼二极管、检波二极管、变容二极管、开关二极管等。选用时主要根据用途来选择类型，根据电路要求选择型号和参数。实际使用中要注意，硅管和锗管不能相互代替。同类型管子可以代替，其原则是：对于检波管，只要工作频率高于原来的管子就可代换；对于整流管，只要反向耐压和正向电流高于原来的管子即可代换。

三、稳压二极管

稳压管是特殊结构的面接触二极管，一般工作在反向击穿状态，做稳压、限幅等用。当然也可正向应用作为普通二极管使用。做稳压用时，主要根据稳压值和额定工作电流来选用，当然工作电流越大、动态电阻越小，稳压效果越好。稳压管可串联使用，但不可并联使用。工作过程中，既要使稳压管工作在击穿状态，又要保证工作电流不超过最大值，所以，选择合适的限流电阻非常重要。稳压管的最大反向电流一般可按 2～3 倍额定工作电流选取。

四、晶体三极管

1.三极管的选用

三极管种类繁多，按工作频率分有高频管和低频管；按功率分有大、中、小三种；按封装形式有金属封装和塑料封装两种，近年来塑料封装管应用越来越多。选用三极管应根据用途不同，主要考虑特征频率、电流放大系数、集电极耗散功率和最大反向击穿电压等。一般特征频率按高于电路工作频率 3～10 倍来选取，特征频率越高，越容易引起高频振动。电流放大倍数，一般选用 40～100 即可，太低影响增益，太高电路稳定性差。耗散功率一般按电路输出功率 2～4 倍选取，反向击穿电压 BV_{CEO} 应大于电源电压。

2.使用三极管注意事项

（1）三极管接入电路前，首先要弄清管型、管脚，否则容易导致管子的损坏。

（2）焊接时，要用镊子夹着管子的引线，以帮助散热，一般采用 45W 以下电烙铁。

（3）带电时，不能用万用表电阻挡测极间电阻，也不能带电拆装。

（4）大功率管应按要求配上合适的散热片。

（5）工作在开关状态的三极管及有些硅管，因 BV_{CEO} 较低，为防止击穿，一般要加保护。

五、场效应管

1.场效应管的性质

场效应管是一种电场控制器件，最大特点是输入阻抗高，一般在信号源内阻很高时，为了得到较好的放大作用和低噪声，应选用场效应管。场效应管有结型和绝缘栅型（MOS管）两大类。近几年来出现的 VMOS 管是一种大功率器件，电流可达几十安培，选择时，一般从跨导（g_m）、最大电源电压 BV_{DS}、最大功耗 P_D 等几个方面考虑。

2. 使用场效应管注意事项

（1）MOS 管输入阻抗很高，为防止感应过压而穿击，保存时应将三个电极短接；焊接或拆焊时，应先将各极短路，先焊漏、源极，后焊栅极，烙铁应接好地线或断开电源后，再焊接；不能用万用表测 MOS 管各极。MOS 管检测要用测试仪。

（2）场效应管源极、漏极是对称的，互换不影响效果，但衬底已和源极接好线后，则不能再互换。

六、光电器件

半导体光电器件也叫光电器件，常用的有光敏电阻、光电二极管、光电三极管等。光电器件应用广泛，发展迅速。

1. 光敏电阻

光敏电阻是利用半导体的光致导电特性制成的。常用的光敏电阻材料有硫化镉（CdS）、硒化镉（CdSe）和硫化铅（PbS）等。目前生产和应用最多的是 CdS 光敏电阻。光敏电阻常用在电视机中作音量自动调节，照相机中控制自动曝光和自动报警等自动控制中。

2. 光电二极管和光电三极管

光电二极管又叫光敏二极管，构造和普通二极管相似，其不同点是管壳上有入射光窗口。当加反向工作电压时，无光照射反向电阻较大，有光照射，反向电流增加。目前用得最多的是硅材料制成的 PN 结型，主要用于计算机和光纤通信中。

光电三极管也是靠光的照射来控制电流的器件，可等效为一个光电二极管和一只三极管的结合，所以，它具有放大作用。它一般只引了集电极和发射极，其外形和发光二极管相似，有的基极也引出，作温度补偿用。

使用注意事项：

（1）使用前，应判别是光电二极管还是光电三极管。光电三极管的负载电阻一般为光电二极管的 1/10。

（2）硅光电二极管的类型较多，一般是两脚的，长引脚为 p 极，短引脚为 n 极。对于引脚长度相同的，一般靠近管壳凸起点的为 p 极。有的光电二极管也有三条引脚，如 2DU 型，其中一个引脚为环极，环极接正电源，可减少暗电流。另外还有多 p 极的光电二极管，使用中要注意。

（3）硅光电三极管有两脚的也有三脚的，两脚的，短脚为 c 极，长脚的为 e 极。有的两个引脚长度相同，则靠近管壳凸起标志的为 e 极。对于三引脚的，其判别法是，面向引脚，以管壳突起点顺时针方向数，其排列是 e→b→c。

（4）光电二极管、三极管有的对可见光敏感，有的对红光敏感。对于红外管也并非只对红外光敏感，为防止日光、灯光干扰，可采用红色有机玻璃滤光。

（5）光电二极管的光电流小，但线性度好、响应时间快；光电三极管的光电流大，线性度差，响应时间慢。一般要求灵敏度高、频率低的可用光电三极管，而要求线性度好、工作频率高的应选用光电二极管。

（6）使用时应选用合适的光源和光强度，否则得不到预期的效果。

3. 发光二极管（LED）

LED 的伏安特性和普通二极管相似，但它的正向压降较大（≤2V）。在电子设备中被广泛应用，类型也较多。

国产的 LED 用 FG×$_1$×$_2$×$_3$×$_4$×$_5$×$_6$ 命名。其中×$_1$ 表示材料，取值为 1、2、3，分别表示 GaAsP、GaAsAi 和 GaP。×$_2$ 表示发光颜色，取值 1~6 整数，分别表示发光颜色为

红、橙、黄、绿、蓝和复色。$\times_3$ 表示封装形式。$\times_4$ 表示外形，取值 $0\sim6$ 整数，分别表示圆形、长方形、符号形、三角形、正方形、组合形和特殊形。$\times_5$、$\times_6$ 表示序号。

使用发光二极管注意事项：

（1）若用电压源驱动，要注意选好限流电阻，以限制流过管子的正向电流。

（2）一般管脚引线较长的为阳极，短的为阴极。如壳帽上有凸起标志的，那么靠近凸起标志的为阳极。

（3）发光二极管可用万用表的 $R\times10k$ 挡判别其好坏，其正向电阻一般小于 $50k\Omega$，反向电阻一般在 $200k\Omega$ 以上。

（4）交流驱动时，为防止反向击穿，可反向并联整流二极管进行保护。

（5）发光二极管还有电压型、闪光型、双色型、三色型等，可查阅其他资料。

4.光电耦合器件

把发光器和光电器件按一定的方式进行组合，就可实现以光为媒介的电信号变换传输。由于发光器和光敏器件相互绝缘并分别置于输入和输出回路，故可实现输入和输出电信号的隔离，它被广泛地应用在自动控制电路中，以抑制和消除信号传输时的干扰。

光电耦合器件的输入发光器件常用砷化镓（GaAs）红外发光二极管，受光输出部分可为 GaS 光电池、光电二极管、硅光三极管、达林顿型光敏三极管、晶闸管等。光电耦合器件两侧电路的接地和电源电压可自由选择，给实际应用和设计提供了方便。选用时主要根据用途选用合适的受光部分的类型。

第二节 正确使用测量仪器

通常需要对模拟电子电路进行测量，然后与实验结果进行定量的分析，因此，在实验方案正确的前提下，实验的价值意义往往取决于测量方法的正确和测量结果的精确程度。所以，正确地使用仪器、合理地布线和安装实验装置、合适地选择测试点以及科学地处理测量数据是顺利完成某一电子电路测量与实验必不可少的环节。

正确使用测量仪器与否，直接影响到测试结果。虽然测量仪器的类型很多，各有自己的使用特点，但下述内容具有普遍指导意义。

1.学会阅读仪器说明书，掌握仪器使用方法

我们专门开设一个常用仪器使用的实验，以便使操作者正确掌握其使用方法。当使用不熟悉的仪器时，一定要事先阅读仪器技术说明书或所列的仪器使用方法的有关资料。

2.检查仪器功能旋钮和开关

由于实验室内的仪器使用频繁，常会出现仪器的旋钮开关松脱、滑位及错位等现象，所以接通电源前必须检查仪器各功能旋钮和开关是否有松脱及滑位、错位现象，否则就会出现差错。比如做实验时未发现示波器的时基旋钮已错位，那么测量出来的信号周期显然是不对的。又如直流稳压电源输出电压是分挡的，如果开关错位，本应 6V 挡而错位到 30V，而操作者事先又未用万用表调测就接入电路，可能造成器件或某些元件损坏。

3.检查测量装置的各种连接线

接通电源前应仔细检查测量装置的各种连接线是否有接错和短路现象，特别要注意地线的连接。测量时要先接地线再接高电位端；测量完毕则先去掉高电位端连线再去掉地线，对场效应管做输入实验更要注意，否则很容易将它烧毁。

4.注意仪器的预热

电子测量仪器都必须经过足够的预热时间工作性能才能稳定，对于仪器的技术指标只有在保证预热时间后才有效。预热时间的长短因不同仪器而异，如 BT-7 型频率特性测试仪需要预热 15min，XFG-7 高频信号发生器需要预热 1h。在一般精度要求不高的测量实验中通常预热 10～30min 已能满足要求。

5. 调零

不少电子测量仪器要在使用前调零，调零的基本原则是当无任何信号输入时，应调节表的读数刚好指零或某规定值。

调零的方式分机械调零和电气调零两种，需在机械调零后再进行电气调零，而电气调零又必须在充分预热后才能进行。

6. 校准

不少电子测量仪器都附有内部校准装置。例如 SSI-2220 型双踪示波器，它将一个输出幅度为 0.2V、频率为 1kHz 的方波作为校准信号，操作者在使用该仪器时应自校后再进行测试，若校不准应及时报告。

7. 注意异常现象

开机通电后，如发现仪器内部变压器发出反常的"嗡嗡"声或有焦味、冒烟；对于内部装有风扇强制通风的仪器，如发现叶片不转等现象应立即切断电源，并报告指导教师进行检修或更换。

8. 安全操作

必须养成单手操作的习惯，当被测对象的电压较高时，要检查测量表笔或测量探头的绝缘是否良好，手不要接触高电位点，测量完毕后要及时拆去接线并将电压表、电流表置于高量程处。遇到打火、元器件冒烟、电解电容爆裂及其他意外事故时要冷静，首先切断电源，切勿尖叫、乱跑以免造成额外损失。

9. 注意布线

要完成一项实验，除实验装置外必然还需要有若干个电子测量仪器、辅助设备和附件等组成的一套测量装置。如测量某放大器的非线性失真，需由信号发生器、实验装置（待测放大器）、失真度仪（或示波器）以及供放大器用的直流稳压电源组成一个测量装置，而仪器的布置要力求接线尽量短，对于高增益弱信号的测量更要注意接线要短，如图 4-2-1（a）是不正确的，图 4-2-1（b）是正确的。

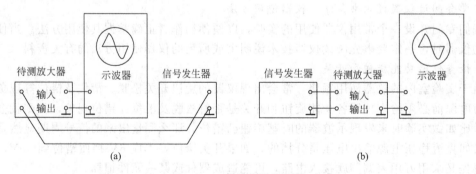

图 4-2-1　实验装置连接图

10. 正确连接地线

对于非平衡式仪器，如信号源、毫伏表、示波器等，它们一般有两根连接线，其中一根是地线，一般与机壳连接在一起，另一根是输出（或输入）信号线，一般接在仪器内部电路中某一点上。正确连接应该是将地线与实验装置的参考地接在一起，也称共地连接如图 4-2-2 所示。

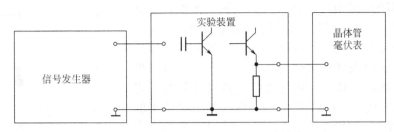

图 4-2-2　非平衡仪器的共地连接

在做 NPN 管放大电路时，由于放大器需加直流电源，即参考地是直流负电位，如果操作者把仪表的信号线与参考地连接，显然这是错误的，正确的接法仍然应该是将仪表的地线与参考地连在一起。

选用交流毫伏表测量如图 4-2-3 中 a、b 两点间的交流电压时，用交流毫伏表分别测出 a 点对地电压和 b 点对地电压，然后相减得 a、b 两点间电压，而将毫伏表并接在 a、b 两端直接去测是不合适的。

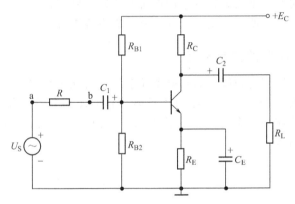

图 4-2-3　测两点交流电压的电路

11. 正确获取信号源的小信号输出

实验中经常需要在输入端加一个小电压的交流信号，如有效值为 1mV 的信号。曾发现操作者用毫伏表测试其值时，即使用手指轻轻弹动输出细调旋钮，也很难调到其值，其原因是操作者选择电压的挡位不对。SDG1025 信号源开机默认输出电压是 4V（峰峰值），正确的方法应该先按幅值/高电平所对应的菜单软键，使光标在电压挡（开机默认在频率挡），然后再按数字键输入所需要的电压值（峰峰值），再选择菜单软键确定电压单位，最后通过方向键移动光标、通过旋转旋钮就很容易获取其小信号电压了，而且这样的操作也有利于防止干扰的串入。因此应该记住"小信号大衰减"的使用方法。

第三节　合理地安装、布线实验装置

实验装置就是按电路图进行安装、布线后的实际实验电路。其方法有两种，一种是在面包板上安装、布线，另一种用印制电路板焊接安装、布线。

一、电路图与真实电路的差异

忠实地按电路图来布线安装并不是最佳方案，因为即使完全按照理论设计的电路图来布线安装，电路图和实物仍还有很大的差别。例如，电路图上用一根线表示的导线，设计时假设它是无电阻的，但实际的导线却具有一定的电阻值；另外当电流流过这段导线时，在它周围将产生磁场，这样导线本身也多少具有电感；再则，它和其他被绝缘的导体间还具有一定电容值。综上所述，如将图 4-3-1(a) 所示的一种简单的导线连接的实际情况都画出来就如图 4-3-1(b) 所示。由图可知，实际上存在的那些 R、L、C 在设计电路图中完全省略了。然而即使这些数值很小，往往也会造成恶劣的影响，尤其当工作频率较高时。

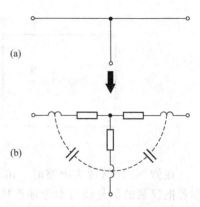

图 4-3-1　电路图与真实电路差异例图

二、电路图与实际装置在结构上的差异

电路图是用一些符号在平面上表示出来的，它把电路结构用图画出来，使人容易看懂。但实际装置是立体的，元件的形状、大小在电路图上不可能反映出来；根据绝缘的种类或电流大小来选择导线的粗细、走线路径等诸问题都是实际安装时需要考虑的；在结构上也会遇到很多没有意料到的问题，所以，电路图与实际装置存在差异。

三、如何安装与布线实际的实验装置

如何将电路图通过安装与布线成为实际实验装置，方法是很多的。但是在做实验时可能会出现一些意想不到的问题，故要具体问题具体分析。比如当信号频率是音频范围的低频时，用一只电解电容器作为一个旁路电容就可以了，如图 4-3-2(a) 所示。安装、布线也可忠实地按照电路图来布线。

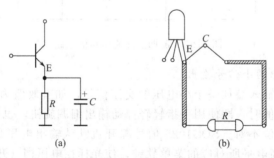

(a)　　　　　(b)

图 4-3-2　不同工作频率安装与布线的实际实验装置例图

但是一到高频，电容器本身的电感及引线电感的作用就不能忽略，因此原理图仍可以画成图 4-3-2(a)，但实际布线就应按图 4-3-2(b) 所示那样尽量缩短电容器的引线。对更高的频率就应在电解电容器两端并接一个小电容。

在实验中如果遇到噪声很大，那么要特别仔细考虑接地点。比如从抑制噪声着眼，图 4-3-3(a) 的电路图就应按图 4-3-3(b) 那样连接。

综上所述，做实验时如何进行安装、布线应视具体情况而定，若频率比较低可以忠实地按电路图来安装、布线，既容易看懂图又容易检查问题，实际与理论容易结合。但当频率比较高时，考虑到实验电路的稳定，那么忠实地按电路图来安装、布线往往并不是最佳方案。

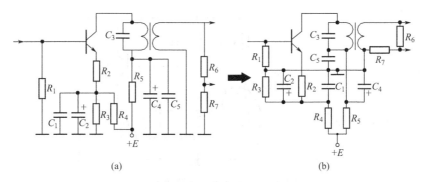

图 4-3-3　抑制噪声的最佳走线图

第四节　选择合适的测试点

电子电路实验中，测试点选择的是否合适将直接影响测量精度和被测电路的工作状态。

一、测试点不当引起的误差造成错误结论

例如，用一内阻为 $10\text{k}\Omega/\text{V}$ 的万用表，选择量程为 2.5V 的挡去测量图 4-4-1 所示放大器中晶体管工作电压 U_{BE}。如果测量者不是直接测 U_{BE}，而是分别测得 $U_B=-0.88\text{V}$，$U_E=-0.92\text{V}$，然后计算得 $U_{BE}=U_B-U_E=+0.04\text{V}$，根据该测量结果，放大器必然处于截止状态，而实际放大器却工作在放大状态且 $U_{BE}=-0.32\text{V}$。造成这个错误结论的原因是这样的操作相当于将万用表 2.5V 挡的内阻 $2.5\times10=25\text{k}\Omega$ 并联在基极与地之间，减小了下偏置电阻，所以，测出 U_B 值就比实际小得多，而测得 U_E 值由于发射极输出阻抗小，仪器的内阻影响小而接近真值。因此，上述误差是由于测试点选择不当引起的，应该直接测量基极与发射极之间的电源 U_{BE}。

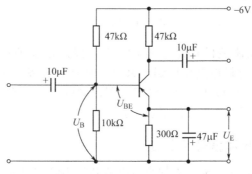

图 4-4-1　测试 U_{BE} 的放大电路

又如，图 4-4-2 所示放大器，用毫伏表测得 BG_2 的发射极交流电压比 BG_2 基极交流电压要大，显然这个结论也是错误的。这是因为毫伏表的输入电容约为 $50\sim70\text{pF}$，当频率为 160kHz 时，60pF 呈现的容抗为：

$$\frac{1}{2\pi\times1.6\times10^5\times60\times10^{-12}}\approx16.6(\text{k}\Omega)$$

该值可以和第一管的集电极 R_{C1}（$5.1\text{k}\Omega$）相比拟，当毫伏表接在 BG_2 的基极时，使 BG_1 的负载阻抗减小，电压下降；而接 BG_2 发射极时，由于射极输出阻抗小，故影响小。

121

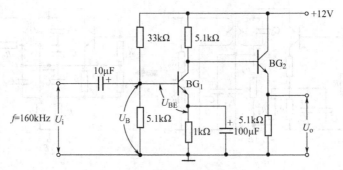

图 4-4-2　测试交流电压的放大电路

二、测试点选择不当引起工作状态变化造成误差

图 4-4-3(a) 与图 4-4-3(b) 分别是用 500 型万用表 1mA 量程电流挡测量放大器直流电流 I_{CQ}、I_{EQ} 的连线图。图 4-4-3(a) 测得 $I_{CQ}=0.67\text{mA}$；图 4-4-3(b) 测得 $I_{EQ}=0.52\text{mA}$。本来 I_{EQ} 应该略大于 I_{CQ}，现在反而是 I_{CQ} 大于 I_{EQ}。

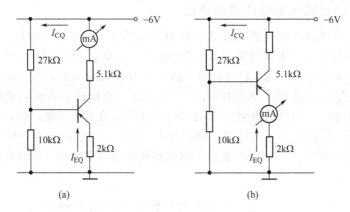

图 4-4-3　测量直流放大器 I_{CQ}、I_{EQ}

这个现象主要是由电流表的内阻造成的。500 型万用表的电流 1mA 量程的内阻约 700Ω，当测试点选择在集电极电路中时影响甚微，而选择在发射极电路中，由于存在负反馈作用使基极 I_{BQ} 降低了，所以 I_{CQ} 也降低了。因此测试该放大器静态工作电流 I_{CQ} 时，应将电流表串在集电极中，而不该串在发射极中。

三、正确的测试电源电压和信号源电压

做电子电路放大实验，总是需要外加直流电源和作为测试用的交流信号源。实验室用的直流电源均采用稳压电源，其内阻很小，接入电路测试其电压值与未接入时测其电压值误差很小，但是考虑电路的安全，应"先测后接"，以防由于输出电压挡位放错、电压过高而损坏电路内的器件。

实验室用的是 SDG1025 信号源，内部提供 50Ω 的固定串联输出阻抗，因此信号源开路或接入电路时测其电压值，有时略有误差（电路的负载作用），因此考虑到测试的准确应"先接后测"。

第五章 数字电子技术实验基础知识

第一节 半导体集成电路

集成电路是利用半导体工艺或厚薄膜工艺将电路的有源器件（三极管、场效应管等）、无源器件（电阻器、电容器等）及其连接线制作在半导体基片上或绝缘晶体片上，形成具有特定功能的电路，并封装在管壳之中。集成电路与分立器件电路相比，具有体积小、质量轻、功耗低、成本低、可靠性高、性能稳定等优点。在"模拟电子技术实验"和"数字电子技术实验"中，对集成电路的构成、原理、功能等已作为课程的重点进行了比较详细的介绍。本节主要从实际使用的角度，介绍一些有关的基本知识。当前集成电路应用广泛，发展十分迅速，特别是一些具有专门功能的集成电路，如仪用放大器、信号变换器、可编程逻辑器件等不断出现，使用也比较简便。密切注意集成电路的发展，根据需要进行合理的选用是非常重要的。

一、基本结构与类别

目前，人们常用的还是半导体集成电路。半导体集成电路按有源器件分有双极型、MOS 型以及双极-MOS 型集成电路；按集成度分有小规模 SSI（集成了几个门或几十个元件）、中规模 MSI（集成了一百个门以上或几百个元件以上）和大规模 LSI、超大规模 VLSI（一万个门或十万个元件以上）集成电路。

按制造工艺及功能综合考虑集成电路的分类，如图 5-1-1 所示。

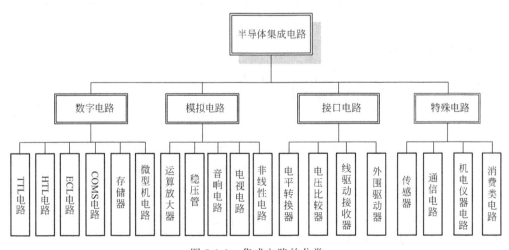

图 5-1-1 集成电路的分类

二、型号、命名、封装

国外各大公司生产的集成电路，在数字标号上基本是一致的，但字头却有所不同，一般都是各公司有各自的规定。因而在使用国外集成电路时，应有相应的手册或几家公司的型号对照表，以便正确选用器件。

近几年，国内集成电路的发展虽不像国外那么快，但目前国内各厂家通过技术引进也正在努力追赶，积极发展我国的微电子技术。国内生产的集成电路大部分厂家按国家标准命名，但也有些厂按自己的厂标命名。因而在选用国内集成电路时，也应具备厂家的产品手册以及互换表。

根据国家标准 GB 3430—89，我国的半导体集成电路的型号命名由五个部分组成。五个部分的表达方式及内容见表 5-1-1 所述。

表 5-1-1 集成电路命名规则

第0部分		第1部分		第2部分		第3部分		第4部分	
用字母表示器件符合国家标准		用字母表示器件的类型		用阿拉伯数字表示器件的系列器件代号		用字母表示器件的工作温度范围/℃		用字母表示器件的封装	
符号	意义	符号	意义	符号	意义	符号	意义	符号	意义
		T	TTL			C	0~70	W	陶瓷扁平
		H	HTL			E	−40~85	B	塑料扁平
		E	ECL			R	−55~85	F	全封闭扁平
		E	CMOS			M	−55~125	D	陶瓷直插
		F	线性放大器	与国际同品种保持一致				P	塑料瓷直插
C	中国制造	D	音响电视电路					J	黑陶瓷直插
		W	稳压器					K	金属棱形
		J	接口电路					T	金属圆形
		B	非线性电路						
		M	存储器						
		μ	微型机电路						

1. 示例

肖特基 TTL 双 4 输入与非门

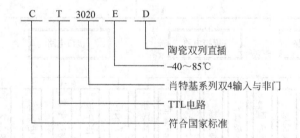

C——是第 0 部分，表示中国制造。通常在实际使用时，第一个字母 C 被省略。

T——是第 1 部分，表示 TTL 电路。

3020——是第 2 部分。它们是一组 4 位阿拉伯数字的代码，其中分为数字的首位和数字的后三位尾数两部分。

(1) 数字的首位"3"表示器件所属的系列。在我国，将 TTL 电路按速度、功耗和性能分为 4 个系列。它们分别与国外通用的 54/74 型系列相对应。

① 1000 系列是标准系列，与 54/74 系列相对应；

② 2000 系列是高速系列，与 54H/74H 相对应；

③ 3000 系列是肖特基系列，与 54S/74S 系列相对应；

④ 4000 系列是低功耗肖特基系列，与 54LS/74LS 系列相对应。

（2）数字的尾数"020"表示器件品种的代号。无论是属于上述 4 系列中的哪一个只要尾数相同，就属于同一品种。即它的器件逻辑名称、逻辑功能和输出端排列次序均相同。

因此，上述的 CT3020 则表示是一个 TTL 肖特基的双 4 输入与非门。它能与国外通用的 74LS20 互换使用。

E——是第 3 部分。表示器件工作温度在 -40～85℃。

D——是第 4 部分。表示器件是陶瓷封装、双列直插式结构。

而 CC4012 是中国制造的 CMOS 数字集成电路，属于 4000 系列。其电源电压范围是 +3～+18V。它与国外通用 CD4000、MC4000 系列可互换。CC4012 是一个 CMOS 双 4 输入与非门。

2.电路封装形式

封装形式基本分为三类：金属、陶瓷、塑料。三种形式各有特点，应用领域也有所区别。

（1）金属封装。这种封装散热性能好、可靠性高，但安装使用不够方便、成本高。一般高精度集成电路或大功率器件均以此形式封装。按国家标准有 T 和 K 型两种。

（2）陶瓷封装。这种封装散热性差但体积小、成本低。陶瓷封装的形式可分扁平型（W型）和双列直插型（D、J 型）。

（3）塑料封装。这是目前使用最多的一种封装形式，最大特点是工艺简单、成本低，因而被广泛使用，但一般只适用于小功率器件。这种材料的封装形式与陶瓷一样，可分为扁平型（B 型）和双列直插型（P 型）。目前最常见的是 P 型封装。

目前，为降低成本、使用方便，中功率器件也大量采用塑料封装形式。但是为了限制温升、有利于散热，通常都在封装的同时加装金属板，以利于散热片固定。

3.集成电路的其他型号

国家规定的型号所表示的集成电路是 1979 年以后开始发展起来的。其功能、引出端排列和电特性等均与国外同类产品一致。这些数据可见原电子工业部编写的《国产半导体集成电路性能汇编》（一、二册）。

除上述国家型号外，目前还可以接触到一种型号，即原四机部标准规定的型号。这种型号所表示的集成电路是我国早期生产的产品，限于当时的技术水平，其特性低于国外同类产品。这部分集成电路是为了一些设备维修需要暂时保留的。这部分集成电路的型号由四个部分组成：

$$\underline{\times}_{(1)}\quad\underline{\times\times\times}_{(2)}\quad\underline{\times}_{(3)}\quad\underline{\times}_{(4)}$$

（1）电路分类：

C——CMOS 电路；F——运算放大器；H——HTL 电路；J——接口电路；T——TTL 电路等。

（2）品种代号，用数字表示：

① 74 为民用品，工作温度：0～70℃，电源电压：5V±0.25V。

② 54 为军用品，工作温度：-55～125℃，电源电压：5V±0.5V。

③ L：Lowpower，低功耗。

④ S：采用肖特基工艺，高速 TTL。

⑤ CT 为国际，分 CT1000、CT2000、CT3000、CT4000 四个系列，分别为中速、高速、肖特基高速和低功耗肖特基高速。

⑥ "40"，有些厂家写为 "140" "340"，对使用者而言，4000、14000、34000 是一样的。

⑦ 74HC 是 20 世纪 80 年代的产品，H 表示高速，C 表示 CMOS，其速度与 TTL 相近，$V_{DD}=2\sim6V$。输入、输出均为 CMOS 电平。

⑧ 74HCT 是输入具有 TTL 电平、输出为 CMOS 电平的 HCMOS 电路。它可取代 LSTTL。

（3）电参数分挡：

A——低挡；B——高挡。

（4）封装形式：

A——玻璃陶瓷扁平；B——塑料扁平；C——陶瓷双列直插；D——塑料双列直插。

除此之外，还可碰到一种型号，其基本组成形式同国家型号，只是把国家型号的第0、1 部分换成各制造厂的代号，例如 BG、TB、XG 等。第 2 部分相同，第 3、4 部分省略掉。这些集成电路的电特性基本上与国家同类产品一致，只是质量一致性试验的要求略低于国家型号的集成电路。

数字集成电路的分类如表 5-1-2 所示。

表 5-1-2　数字集成电路各系列型号分类表

系列	子系列	名称	国标型号	国外通用型号	速度/功耗
TTL	TTL	标准 TTL 系列	CT1000	54/74TTL	10ns/10nW
	HTTL	高速 TTL 系列	CT2000	54/74HTTL	6ns/22mW
	STTL	甚高速 TTL 系列	CT3000	54/74STTL	3ns/19mW
	LSTTL	低功耗肖特基系列	CT4000	54/74LSTTL	5ns/2mW
	ALSTTL	先进低功耗肖特基系列		54/74ALSTTL	4ns/1mW
MOS	PMOS	P 沟道场效应管系列	CC4000	CD4000	—
	NMOS	N 沟道场效应管系列		MC14000	
	CMOS	互补场效应管系列		54/74HC	
	HCMOS	高速 CMOS 系列		54/74HCT	
	HCMOST	与 TTL 兼容的 HC 系列			

三、引出端的排列次序

集成电路使用时必须认定器件的正方向，图 5-1-2 表示双列直插结构器件的俯视图。它是以一个凹口（或一个小圆孔）置于使用者左侧时为正方向（扁平结构器件以面对印有器件型号的正放位置作为正方向），正方向确定以后，器件的左下角为第一脚，按逆时针方向依次读脚。

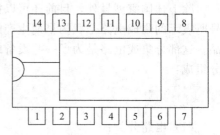

图 5-1-2　双列直插结构器件的俯视图

四、工艺筛选和注意事项

1. 工艺筛选

工艺筛选的目的是将一些潜在的早期失效电路及时淘汰，以保证产品有较高的可靠性。由于集成电路在出厂前都要进行多项筛选试验，一般有：检验筛选、检漏筛选、高温直流参数测试和模拟低温参数测试的动态测试、高温存储、温度冲击、高温功率老化等，所以，出厂后的集成电路可靠性都是比较高的，用户在一般情况下也就不做老化及筛选了。但在一些特殊场合，由于对设备及系统的可靠性要求较高，使用前必须进行一些老化筛选，以达到提高可靠性的目的。

2.使用时的注意事项

（1）电路在使用时不允许超过极限值，在电源电压变化不超过额定值的±10％时，电参数应符合规范值。电路在使用的电源接通与断开时，不得有瞬时高压产生，否则会使集成电路击穿。

（2）集成电路使用温度一般在−30～85℃之间，在系统安装时要尽量远离热源。

（3）电路如用手工焊接时，不得使用大于45W的电烙铁，连续焊接时间不得超过10s。

（4）对于MOS集成电路，要防止栅极静电感应击穿。此外，一切测试仪器（特别是信号源和交流测量仪器）、电烙铁、线路本身均需良好接地。MOS电路的"与非"门输入端不能电位悬空，不用时接电路正极，特别是加上源、漏电压时，若输入端悬空，用手触及输入端时，由于静电感应极易造成栅极击穿烧坏集成电路。为避免拨动开关时输入端瞬时悬空，可把输入端接一个几十千欧的电阻到电源正极（或负极）。此外，在存放时必须将其藏于金属屏蔽盒内，或用金属纸包装，以防止外界电场将栅极击穿。

第二节　逻辑图形符号

目前使用的逻辑图形符号基本有下述三种。

第一种：是我国机械电子工业部（原第四机械工业部）标准（部标）SJ1223—77。它与国际通用符号相近，是我国曾普遍使用的一种图形符号，自国标GB 4728公布之日起应停止使用，但因习惯，目前仍使用较广。

第二种：我国的国家标准（国标）GB/T 4728。它是参照采用了国际标准IEC617制订的。这类符号的特点是定义明确，绘制严格，概括性强。通过有限的符号和代号即可对整个器件的逻辑功能有一个全面的概括了解。使用者通常不必了解电路的内部逻辑结构，即能从逻辑符号看出该器件的逻辑功能。它是适应集成电路由小规模向中、大规模乃至超大规模发展的一种较好的图形符号，为数字系统设计提供了方便。

第三种：是目前国际上通用的IEEE符号，在国外的书刊中使用较多。

表5-2-1列出了部分器件的三种逻辑符号，供阅读有关资料时对照使用。

表 5-2-1　部分逻辑图形符号对照表

器件名称	原部标(SJ)符号	国标(GB)符号	IEEE符号
与门			
与非门			

器件名称	原部标(SJ)符号	国标(GB)符号	IEEE 符号
或门		≥1	
或非门	+	≥1	
缓冲门		1	
反相器		1	
集电极开路输出门		1	
三态输出门		1 EN	
异或门	+	=1	
与或非门	+	& ≥1	

器件名称	原部标(SJ)符号	国标(GB)符号	IEEE 符号
（主从） J-K 触发器 (T1072)			
（下降沿） J-K 触发器 (T1112)			
（上升沿） D 触发器 (T4074)			
中规模集成 功能电路			

第三节　TTL 集成电路与 CMOS 集成电路的使用规则

一、TTL 电路的使用规则

（1）电源电压 $V_{CC}=+5V$（推荐值为 $+4.75\sim+5.25V$）。

TTL 电路存在电源尖峰电流，要求电源具有较小的内阻和良好的地线，必须重视电路的滤波，要求除了在电源输入端接有 $50\mu F$ 电容的低频滤波外，每隔 5～10 个集成电路，还应接入一个 $0.01～10\mu F$ 的高频滤波电容。在使用中规模以上集成电路时和在高速电路中，还应适当增加高频滤波。

（2）不使用的输入端处理办法（以与非门为例）。

① 若电源电压不超过 5.5V，可以直接接入 V_{CC}，也可以串入一只 1～10kΩ 的电阻。

② 可以接在某一固定电压（$+2.4V\leqslant V\leqslant +4.5V$）的电源上，也可以接在输入端接地的多余与非门或反相器的输出端。

③ 若前级驱动能力允许，可以与使用的输入端并联使用，但应注意，对于 T4000 系列器件，应避免这样使用。

④ 悬空，相当于逻辑 1，对于一般小规模电路的数据输入端，实验时允许悬空处理。但是，输入端悬空容易受干扰，破坏电路功能。对于接有长线的输入端，中规模以上的集成电路和使用集成电路较多的复杂电路，所有控制输入端必须按逻辑要求可靠接入电路，不允许悬空。

⑤ 对于不使用的与非门，为了降低整个电路功能，应把其中 1 个输入端接地。

⑥ 或非门，不使用的输入端应接地；对于与或非门中不使用的与门，至少应有一个输入端接地。

（3）TTL 电路输入端通过电阻接地，电阻 R 值的大小直接影响电路所处的状态。当 $R\leqslant 680Ω$ 时，输入端相当于逻辑 0；当 $R\geqslant 10kΩ$ 时，输入端相当于逻辑 1。对于不同系列的器件，要求的阻值不同。

（4）TTL 电路（除集电极开路输出电路和三态输出电路外）的输出端不允许并联使用。否则不仅会使电路逻辑混乱，并会导致器件损坏。

（5）输出端不允许直接与 +5V 电源或地连接，否则将会造成器件损坏。

有时为了使后级电路获得较高的输出高电平（例如，驱动 CMOS 电路），允许输出端通过 R（称为提升电阻）接至 V_{CC}。一般取 R 为 3～5.1kΩ。

二、CMOS 电路使用规则

（1）V_{DD} 接电源正极，V_{SS} 接电源负极（通常接地），电源绝对不允许反接。

CC4000 系列的电源允许在 $+3～+18V$ 范围内选择。实验中一般要求使用 +5V 电源。

C000 系列的电源电压允许在 $+7～+15V$ 范围内选择。

工作在不同电源电压下的器件，其输出阻抗、工作速度和功耗等参数也会不同，在设计使用中应引起注意。

（2）对器件的输入信号 v_I，要求其电压范围在 $V_{SS}\leqslant v_I\leqslant V_{DD}$。

（3）所有输入端一律不准悬空。输入端悬空不仅会造成逻辑混乱，而且容易损坏器件。如果安装在电路板上的器件输入端有可能出现悬空时（例如，在印制电路板从插座上拔下后），必须在电路板的输入端加接限流电阻 R_P 和保护电阻 R，如图 5-3-1 所示。R_P 的阻值选取通常使输入电流不超过 1mA。故 $R_P = V_{DD}/1mA$。当 $V_{DD} = +5V$ 时，$R_P \approx 5.1kΩ$。R 一般取 100kΩ～1MΩ。

CMOS 电路具有很高的输入电阻，致使器件易受外界干扰、冲击和静电击穿。因此，通常在器件内部输入端接有图 5-3-2 所示的二极管保护电路（其中 R 约为 1.5～2.5kΩ）。输入保护网络的引入，使器件输入阻抗有一定的下降，但仍能达到 $10^8Ω$ 以上。但是，保护电路吸收的瞬变能量有限。太大的瞬变信号和过高的静电电压将使保护电路失去作用。因此，在使用与存放时应特别注意。

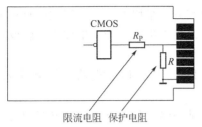

图 5-3-1 印制电路板上的限流电阻和保护电阻

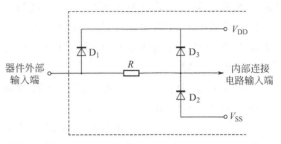

图 5-3-2 器件内部保护电路

（4）不使用的输入端应按照逻辑要求直接接 V_{DD} 或 V_{SS}，在工作速度不高的电路中，允许输入端并联使用。

（5）输出端不允许直接与 V_{DD} 或 V_{SS} 连接，否则将导致器件损坏。

除三态输出器件外，不允许两个器件输出端连接使用。

为了增加驱动能力，允许把同一芯片上电路并联使用。此时器件的输入端与输出端均对应相连。

（6）在装接电路、改变电路连线或插拔电路器件时，必须切断电源，严禁带电操作。

（7）焊接、测试和储存时的注意事项：

① 电路应存放在金属屏蔽容器内。

② 焊接时必须将电路板的电源切断。电烙铁外壳必须良好接地，必要时可以拔下电烙铁电源，利用电烙铁的余热进行焊接。

③ 所有测试仪器外壳必须良好接地。

④ 若信号源与电路板使用两组电源供电，开机时，先接通电路板电源，再接通信号源的电源；关机时，先断开信号源电源，再断开电路板电源。

第四节 电路故障检查与排除

根据正确的实验电路图，按照合理的布线方法进行连接，有助于减少电路的故障，同时也便于电路故障检查与排除。对于使用集成块数量较少的较简单电路，实验时预期的电路功能是容易做到的。但是对于初学者来说，或者在实现较多数量集成电路组成的较复杂的电路时，希望一次通电实现电路的全部功能则是不容易的，必定会有一个检查和排除的过程。

实验过程中，通常会遇到下述三类典型的故障。一是设计错误，二是布线错误，三是器件与底板故障。其中大量的故障出现在布线错误上，具体表现有漏线和错线。

设计错误在这里指的不是电路逻辑设计的错误，而是指所选用的器件不合适或电路中各器件之间在时间配合上的错误。例如，电路动作的边沿选择与电平选择；电路延迟时间的配合，以及某些器件的控制信号变化对时钟脉冲所处状态的要求等，这些因素在设计时应引起足够的重视。

下面仅介绍在正确设计前提下，对实验故障进行检查的方法。

（1）全部连线接好以后，仔细检查一遍，检查集成电路正方向是否插对，包括电源线与地线在内的连线是否有漏线与错线，是否有两个以上输出端错误地连在一起等。

（2）用万用表的"$R \times 10$"挡，测量实验电路的电源端与地线端之间的电阻值，排除电源与地线的开路与短路故障。

（3）使用万用表测量直流稳压电源输出电压是否为所需值（例如＋5V），然后接通电路电源，观察电路及各器件有无异常发热等现象。

（4）检查各集成电路是否均已加上电源。可靠的检查方法是用万用表的测试棒直接测量集成块电源端和地线端两引脚之间的电压。这种方法可以检查出因底板、集成块引脚或连线等原因造成的故障。

（5）检查是否有不允许悬空的输入端（例如，TTL 中规模以上电路的控制输入端，CMOS 电路的各输入端）未接入电路。

（6）进行静态（或单步工作）的测量。使电路处于某一输入状态下，观察电路的输出是否与设计要求相一致，用真值表检查电路是否正常。若发现差错，必须重复测试，仔细观察故障现象，然后把电路固定在某一故障状态，用万用表测试电路中各器件输入、输出端的直流电压。对于 TTL 电路，所测值应该符合表 5-4-1 的数值范围。

表 5-4-1　TTL 电路静态工作时各引出端电压值

引出端所处状态	电压范围/V
输出高电平	≥2.7
输出低电平	≤0.4
悬空输入端(所有与输入端均悬空)	1.0～1.4
悬空输入端(有一个与输入端接低电平 0.3V)	≈0.4
悬空输入端(有一个与输入端接地)	≈0.1
两输出端短路(两输出端状态不同时)	0.6～2.0

（7）如果无论输入信号怎样变化，输出一直保持高电平不变，则可能集成块没有接地或接地不良；若输出信号保持与输入信号同样规律变化，则可能集成块没有接电源。

（8）对有多个与输入端器件，如果实际使用时有输入端多余，在检查故障时，可以调换另外的输入端试用。实验中使用器件替换法也是一种有效的检查故障的方法，可以排除器件功能不正常引起的电路故障。

（9）电路故障的检查方法可用逐级跟踪的方法进行。静态检查是使电路处于某一故障的工作状态，动态检查则在某一规律信号作用下检查各级工作波形。具体检查次序可以从输入端开始，按信号流程依次逐级向后检查，也可以从故障输出端向输入方向逐级向前检查，直至找到故障点为止。

（10）对于含有反馈线的闭合电路，应设法断开反馈线进行检查，必要时对断开的电路进行状态预置后，再进行检查。

（11）TTL 电路工作时产生电源尖峰电流，可能会通过电源耦合破坏电路正常工作，应采取必要的去耦措施。

（12）当电路工作在较高频率时，应从下列方面采取措施：

① 减小电源内阻，加粗电源线与地线直径，扩大地线面积或采用接地板，将电源线与地线夹在相邻的输入与输出信号线之间起屏蔽作用；

② 各逻辑线尽量不要紧靠时钟脉冲线；

③ 缩短引线长度；

④ 驱动多路同步电路的时钟脉冲信号，要求各路信号的延时时间尽可能接近。

（13）CMOS 电路特有一种失效模式——锁定效应，也称晶闸管效应，是器件固有的故障现象。由于器件内部存在正反馈，使工作电流越来越大，直至发热烧坏器件。当 CMOS

器件工作在较高电源电压或输入、输出信号由于电路上的原因可能出现高于 V_{DD} 或低于 V_{SS} 时，就可能出现锁定效应。因此，在电路中应采取措施加以预防：

① 注意电源的去耦，加粗地线，减小地线电阻；

② 在不影响电路工作情况下，尽量降低 V_{DD} 值；

③ 在不影响电路工作速度的条件下，使电源允许提供的电流小于锁定电流（一般器件的锁定电流在 40mA 左右）；

④ 对输入信号进行钳位。

第六章 噪声（干扰）及抑制

电子电路测量与实验的过程就是将某种形式的被测信号经过一系列的变换与信息处理，最后得到与被测量有唯一确定关系的测量结果。为了获得这种"唯一确定关系"除了测量方法正确外，还必须排除无关的信号经过任何非正常的渠道对测量结果的影响，或者被测量信号通过非正常渠道造成的测量系统不稳定。

电子技术中，把一切来自设备或系统内部的无关信号称为噪声，把一切来自设备或系统外部的无关信号称为干扰，常将二者统称噪声。

第一节 噪声的来源

不同的原因可能引起不同的噪声，但是从总的来看可分为内部噪声和外部干扰。

一、内部噪声

1. 热骚动噪声

电阻在热能作用下，由于电子骚动所产生的噪声几乎覆盖整个频谱，这种噪声（除了在超低温下）是不可避免的。温度越低噪声越小，所以要尽量抑制温度的上升。

2. 散粒（效应）噪声

半导体中的载流子都是一个个彼此独立的，所以在各个短暂的瞬间，它们都不是连续的而是不规则的，它也是频谱范围很宽的噪声。

3. 交流声

电子设备需要的直流电源，一般都是用交流市电整流而得的。当平滑滤波的性能不好时，便会混入交流而产生噪声；还有电源变压器漏磁会产生交流分量而成为噪声。

4. 接触不良而引起的噪声

电路布线的连接不牢靠或开关接点接触不良都会引起噪声，这叫作"喀呖"噪声。

5. 尖峰或振铃噪声

由电路中电流的突变而在电感中引起冲击形成衰减振荡而产生的噪声。

6. 感应噪声

由于电路布线或元件相互间的静电感应、磁感应或电磁感应使各电路间相互干扰产生噪声。

7. 内部失真引起的噪声

信号波形由于电路条件而产生畸变，其高次谐波分量受电路参数的影响更大，从而形成噪声。

8. 自激振荡

它是由于具有放大功能的电路中，其输出的一部分通过"寄生耦合"以正反馈加至输入而产生的。

二、外部噪声（干扰）

1. 天电噪声

雷电现象或大气的电气作用以及其他现象产生的电波或空间电位变化引起的噪声。

2.来自其他设备的干扰引起的噪声

一般来说，动力机械是一个较强的噪声源，使用整流子的电动机、高频炉及电焊机等也要产生噪声。

3.无用电波引起的噪声

由于无用电波（其中包括有意或无意的）的影响而感应的噪声。

4.天体噪声

太阳或其他恒星辐射的电磁波产生的噪声。来自太阳的叫作太阳噪声，来自其他天体的叫作宇宙噪声。

第二节　噪声与干扰的一般途径

产生噪声与干扰的途径多种多样，大体上可分为寄生耦合与电磁辐射两大类。

一、寄生耦合

1.公共阻抗寄生耦合

实验与测量装置中最常见的公共阻抗是地线电阻与电源内阻。

（1）通过地线电阻产生寄生耦合。在进行电子电路实验时，往往要求各仪器与实验装置（实验板）有公共接地点，如果实验装置是由印制电路板焊接而成的，此时可能由于焊片的氧化、虚焊与地线之间形成较大的接触电阻或由于地线本身的电阻值不能忽略，这些称为地线电阻 R_d（或称接地电阻），如图 6-2-1 所示。由图中所标信号电压的瞬时极性可以看出，BG_2 输出电流 i_{C2} 流过地线电阻 R_d 所产生的电压，串联接入 BG_1 的输入电路且和信号源电压 U_S 的极性相同，形成正反馈。地线的电阻虽很小，对图中放大器来说，可能不会构成严重的问题，但是当级数增多，而且每级的放大量又很大时，即使 R_d 很小，也会形成相当深的反馈，使放大器指标降低，严重时还会造成自激。另外，由于外电磁干扰（特别是强大的 50Hz 工频干扰）会在 R_d 上检测到一个明显的干扰电动势，也会造成测量结果的误差。

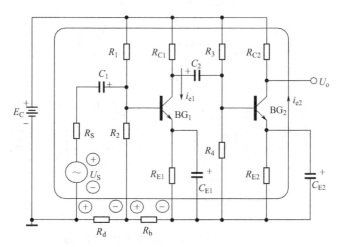

图 6-2-1　研究地线电阻产生寄生耦合的多级放大电路

（2）通过电源内阻构成的寄生耦合。当几个电路单元或实验装置共用一组直流电源时，如果电源内阻不够低就会通过该内阻形成耦合，见图 6-2-2，它可以造成信号串扰。尤其当级数多时，再考虑滤波电容在频率较低时容抗增大而反馈到输入端的电压也增大，这样在频率很低时，也可能引起自激振荡，这时的自激频率只有几赫兹或几分之一赫兹，通常称为"汽船声"；如果电路工作在频率很高时，由于电源内阻的存在，这时滤波电容呈现较大的感抗（由制造工艺决定），又可能造成高频信号的串扰。

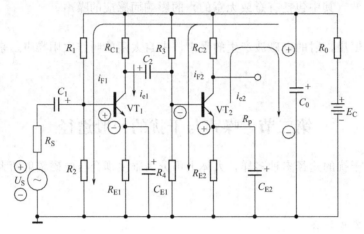

图 6-2-2   研究电源内阻构成的寄生耦合的放大电路

2.分布电容的寄生耦合

测量装置中的仪器、实验装置、元器件、接地、大地、人体等之间以及实验装置中，级与级之间，都存在着极为复杂的分布电容，它是在电路图中没有表示出来而又客观存在的寄生耦合。当工作频率较高时，这种耦合尤为严重，它可以造成极大的测量误差。下面列举几例，如图 6-2-3（a）中，由于分布电容的影响，将造成输出波形的失真；图 6-2-3（b）中，由于人体分布电容的影响，将造成振荡频率的漂移；图 6-2-3（c）中，由于放大器级间分布电容的影响将引起自激振荡。

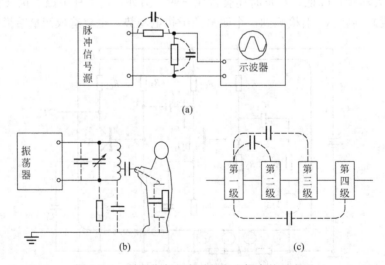

图 6-2-3   研究分布电容引起寄生耦合的示意图

3.分布电感的寄生耦合

电路图上的一根导线，除有电阻值外，还存在分布电感，工作频率越高其感抗越大。如果输入线与输出线比较靠近，那么将会通过寄生磁耦合，构成非正常耦合渠道。尤其对于实验装置中的电感线圈、各类变压器、扼流圈，更要防止其通过互感及电磁耦合形成的非正常信号通道。

二、电磁辐射

当实验装置的工作频率较高时（一般在几千赫兹以上），过长的信号传输线、控制线、输入及输出均会呈现一定的天线效应，它们不仅会将测试信号辐射出去构成非正常渠道，而且也会吸收其他非正常渠道辐射来的测试信号及各种干扰信号。处于电磁波空间的导体由于电磁波的作用，会感应出相应的电动势。如果这一电动势是不需要的频率成分，这就是电磁感应的噪声。

第三节　噪声的抑制方法

一般说来，噪声的来源和途径都很复杂，在实验过程中应根据具体情况采取相应的措施对噪声加以抑制。下面介绍几种常用的方法。

一、减小公共阻抗耦合

1.采用退耦电容，减小电源内阻的影响

退耦电路的作用是防止负载端产生的变动成分返回电源端，从而对电路其他部分产生干扰。也就是说，当把负载端电路看成噪声源时，退耦电容器的作用就跟滤波电容作用一样，见图 6-3-1。

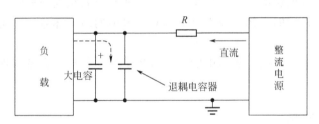

图 6-3-1　去耦电路连接法

图中大电容（电解电容）并一个小容量电容就是为了克服电解电容的高频寄生电感的效应。

如图 6-3-2 所示，当一个整流电源供给几个电路时，必须在接近各电路的直流输入处分别接上退耦电路。如不加这种退耦电路而直接汇接，某一负载的变化将会通过电源影响其他负载。

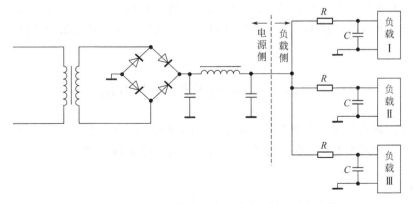

图 6-3-2　一个电源供给几个电路的去耦电路的连接

2. 采用一点接地，减小接地电阻的影响

图 6-2-1 中，由于接地电阻将产生寄生耦合，若将图 6-2-1 的接地改为图 6-3-3 所示的一点接地，将减小接地电阻的影响。

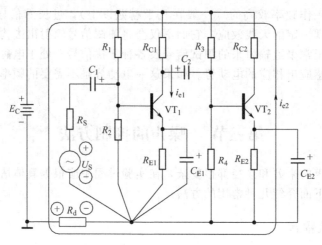

图 6-3-3　一点接地的多级放大电路

二、减小分布参数的影响

为了减小分布参数的影响，要合理布线。如高增益及高频电路的输入与输出端要彼此远离，最好加以屏蔽。操作时人体不应太靠近实验装置中的高频部分，高频信号的传输要采用金属屏蔽线等。

为了减小分布电感的影响，实验中的接线应尽量短，交流、直流、强信号、弱信号等连线应分开。

三、屏蔽干扰源的影响

减小干扰电平最有效的措施是对干扰源进行电磁屏蔽。

两个互相绝缘的导体相对放置时，一方的电荷变化必然要通过电力线影响另一方，但若在中间放置一接地的导体，就有了静电屏蔽的作用，作屏蔽用的金属导体可以是薄铝箔或铜箔。

磁屏蔽也和静电屏蔽一样，屏蔽的目的是对其他部分不产生噪声影响，另一作用是保护特定的部分使之不受外部影响。为了取得好的磁屏蔽效果，应该选用磁导率高的硅钢片或坡莫合金。

第四节　如何处理寄生振荡

由于元件排列或布线不合理以及电路结构上的缺陷，往往产生不需要的电振荡，从而引起干扰，这种振荡叫作寄生振荡。那么，遇到此种情况应如何处理呢？

一、查振源

若产生寄生振荡，首先应根据以下要领查明振源及原因，然后着手解决。

1.判断振荡类型

先区别是连续振荡、瞬时衰减振荡还是间歇振荡并估计其频率范围。产生振荡的原因大致有三种，一是有放大作用的电路，二是有反馈支路，三是布线和元件分布影响，按此分析各部分可能产生振荡的主要原因。如果认为是放大器部分则试着降低增益，如果振荡停止就可把范围缩小到放大电路；如果还认为布线可疑，可摇动布线或元件看频率是否变化。就这样大致摸索之后，再对重点可疑部分进行仔细分析检查。

2.敲一敲看振荡是否变化

轻击实验装置看振荡是否变化，以排除机械振动作媒介产生的振荡。

3.顺序逐段接地试探法

用2～3种不同容量的电容器使电路的各个部分逐一接地，从末级开始顺序向前探索，直至发现接地时振荡停止的那部分电路，则振荡很可能就在这段电路中。

二、防止振荡的措施

防止振荡的措施有适当使用电容器及注意元件的排列或布线、接地方式等。总之，关系到寄生振荡的主要事项有以下三个方面，也是处理的重点。

（1）寄生电容的杂散耦合；

（2）引线电感及公共阻抗；

（3）接地方式及各环路间杂散耦合。

第五节　噪声与接地

接地也可称为地线，它有两种含义，一种含义是指与地球保持同电位即真正接大地，而且常局限于所在实验室附近的大地。对于交流供电电网的地线，通常是指三相电力变压器的中线（又称零线），它是在发电厂接大地。另一种含义是指电子测量仪器、设备实验装置的公共连接点的接"地"，它通常是与机壳直接连在一起。有些设备如飞机、人造卫星上的电子设备不可能有真正大地的概念，但又必须接"地"，这个地通常就是飞机与人造卫星的外壳，将它看成基准零电位，与它连接即保持和它的同电位，也叫接地。上述地线的常用符号及其含义见表 6-5-1。

表 6-5-1　地线符号及其意义

名称	符号	含义
真正大地		实验室附近大地
中线（或零线）		发电厂接大地
电路地线		电路、设备接机壳,公共零电位

关于"接地"的两种含义，实验者都应该有所了解。一般说来，由于仪器或设备的机壳面积较大，特别是因为绝大多数电子仪器都要使用电源变压器且固定在与机壳同电位的底板上，因此机壳与大地之间有一个较大的分布电容。

研究接地包括两方面的内容：一是保证实验者人身安全的安全接地，另一是保证正常实验、减小噪声的技术接地。

一、安全接地

绝大多数实验室所用的仪器设备都由 220V 交流电网供电。变压器的铁芯以及初次级绕组之间的屏蔽层均直接与机壳（即电路的公共连接点）相连接，变压器次级绕组的一端或中心抽头也与此点相连。于是变压器的初次级绕组与机壳、机壳与大地间关系可用图 6-5-1 表示。

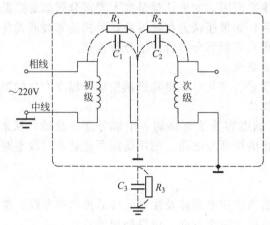

图 6-5-1　变压器、机壳及大地间关系图

其中，C_1 为火线对屏蔽层（外壳）的分布电容；

R_1 为火线对屏蔽层（外壳）的漏电阻；

C_2 为次级对屏蔽（外壳）的分布电容；

R_2 为次级对屏蔽（外壳）的漏电阻；

C_3 为零线对屏蔽（外壳）的分布电容；

R_3 为零线对屏蔽（外壳）的漏电阻。

我们将 C_1、R_1 用阻抗 Z_1 表示，C_3、R_3 用 Z_3 表示，这样便可用图 6-5-2 表示。由图可求得机壳对地的电位为（视零线与大地为同电位）：

$$\widetilde{U}_1 = \frac{Z_3}{Z_1 + Z_3} \times 220(\text{V})$$

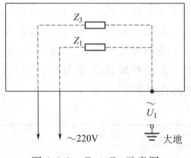

图 6-5-2　Z_1，Z_3 示意图

这时人体若触及机壳就有 $\widetilde{U}_1$ 电压加在人体上，使用者有触电感觉，但是因为 Z_1、Z_3 的值都很大，故触电不严重。然而当仪器或设备经常在温度较高的环境中使用或长期受潮未烘烤、变压器质量低劣时，变压器绝缘电阻就会明显下降，通电后如人体接触外壳就可能触电。

为了避免触电事故的发生，可在通电后用试电笔检查机壳是否明显带电。由于一般情况下，电源变压器初级线圈两端漏电阻不相同，因此，往往把单相电源插头换个方向插入电源插座中即可削弱甚至消除漏电现象。

比较安全的办法是采用三孔插头座，如图 6-5-3 所示。图中，三孔插座中间较粗的插孔应与实验室的地线相接，另外两个较细的插孔，一个接 220V 相线（火线）、一个接电网的中线（零线）。

单相三孔插头中心较粗的一根插头应与仪器或设备的外壳相连，利用图 6-5-3 的电源插接方式，就可以保证仪器或设备的外壳始终处于大地电位，从而避免了触电事故。如果电子仪器或设备无三孔插头，也可以用导线将机壳与实验室大地相连。

由于实验室地线与电网中线实际接地点不同，因此，二者存在一定的大地电阻（这个电

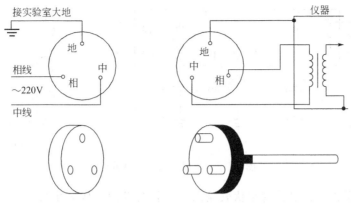

图 6-5-3　三孔插头座

阻还随地区、距离、季节等变化，一般是不稳定的），如图 6-5-4 所示。

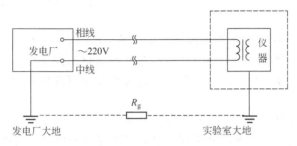

图 6-5-4　大地电阻

二、技术接地

技术接地是指为保证电子仪器设备能正常工作所采取的一种必要措施。接地是否正确，应以对外界噪声干扰的抑制为衡量的准绳，下面举几个操作者在做实验时应注意的例子。

1. 接地不良可以引入干扰并使仪表过负荷

图 6-5-5（a）是用晶体管毫伏表测量信号发生器的电压，因未接地（或接地不良）引起表过负荷的示意图。图 6-5-5（b）是其等效电路。

信号发生器和毫伏表（或示波器），一般有两根连接线，其中一根是地线（一般与机壳连接在一起），另一根是输出（或输入）信号线，一般是接在仪器内部电路中某一点上。图 6-5-5（a）中两地线不连。图中：

信号发生器的电源火线对机壳呈现的分布电容为 C_1；

毫伏表的电源火线对机壳呈现的分布电容为 C_2；

信号发生器电源零线对机壳呈现的分布电容为 C_3；

毫伏表电源零线对机壳呈现的分布电容为 C_4；

e 为 220V 电源电压；

e_1 为 C_3 得到的电源电压；

e_2 为 C_4 得到的电源电压。

因此实际到达电压表输入端的电压是被测电压 U_x 与 50Hz 电源干扰电压 e_1 及 e_2 之和。由于电压表输入阻抗很高，故加到它上面的总电压可能很大而使仪表过负荷。

当两机壳相连（即仪器地线相连）干扰就消失了。如果两机壳分别接大地干扰也消失。

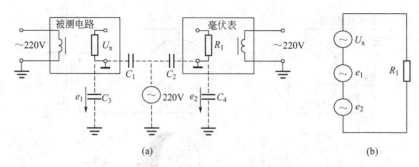

图 6-5-5　两仪器接地不良分析

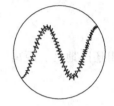

图 6-5-6　接地不良的干扰波形

如果我们用手去触摸晶体管毫伏表输入端，就会发现毫伏表出现过负荷现象（尤其毫伏表置小量程挡）。

如果把图 6-5-5 中的毫伏表改为示波器，我们就会更清楚地看到干扰的电压波形，并很容易测出其频率确实是 50 Hz。如图 6-5-6 所示为干扰电压的波形。

图 6-5-5 中 50 Hz 的干扰电压叠加的是有用信号（被测信号）U_x。

实验过程中，如果测量方法正确，被测电路及测量仪器的工作状态也正常，但发现仪器的读数比预计值大得多，这种现象很可能就是地线接触不良造成的。

2. 接地程序不对可能会使电路中的某些器件烧毁

对于高灵敏度、高输入阻抗的电子测量仪器必须养成先接地线再接信号线进行测量的习惯，否则可能造成过负荷，甚至烧毁电表。如果图 6-5-5 中的毫伏表是高输入阻抗的场效应管（作输入极的实验装置），就很容易将它烧毁，因此要特别注意。

3. 仪器的信号线与地线接反即共地会引入干扰

现在用示波器去观察正弦波信号发生器，接线的方法如图 6-5-7 所示，就会引入干扰。有的实验者认为正弦波信号发生器输出交流信号，而交流信号可以不分正负，因此信号线与地线接反没有关系，实际不然。

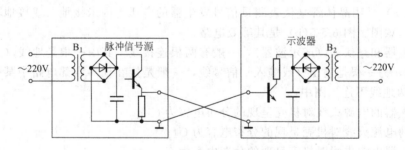

图 6-5-7　两仪器不共地情况

我们从图 6-5-7 看出，两个仪器机壳（地线）可以用一个等效电容 C_0 来等效，那么图 6-5-7 就可用图 6-5-8 来表示。

从信号发生器输出端看出，电容 C_0 经过输出信号的长线并联在输出端。从示波器的输入端看，电容 C_0 通过输入信号的长线并联在输入端。信号发生器的输出线和示波器的输入线都是 1m 左右的引线式电缆，可折合成两个电感 L_1 和 L_2，这样在信号发生器输出回路及示波器的输入回路上，并联了如图 6-5-9 所示的两个 LC 回路。

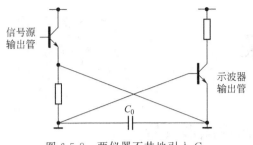

图 6-5-8　两仪器不共地引入 C_0

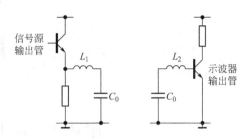

图 6-5-9　两仪器不共地引入干扰的等效电路

实验者如果按图 6-5-7 的方法观察信号发生器波形时，这个分布参数组成 LC 回路上的衰减振荡电压波形就叠加在正常的输出信号上成为噪声干扰。如图 6-5-10 所示。

如果信号发生器与示波器的机壳（地线）都与实验室大地连接，那么，输出就没有信号了。

4.高输入阻抗的仪表（如示波器、晶体管毫伏表）输入端开路也会引入干扰

图 6-5-10　不共地引入的干扰波形

这里以示波器为例说明这个问题。干扰的引入如图 6-5-11 所示，图 6-5-11(a) 中 C_1 为 220V 交流市电火线对输入端的分布电容，C_3 为其对机壳的分布电容；C_2 为 220V 交流市电零线对输入端的分布电容，C_4 为其对机壳的分布电容。

图 6-5-11(b) 是图 6-5-11(a) 的等效电路，显然它们构成一个桥路，当 $C_1C_4 = C_2C_3$ 时，示波器输入端无电流流过。实际上这些电容均为分布电容，所以一般来说 $C_1C_4 \neq C_2C_3$，所以示波器输入电流中有市电 50Hz 的电流，这样示波器即有显示，其干扰为市电 50Hz 交流电。毫伏表同此机理。

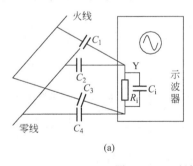

(a)

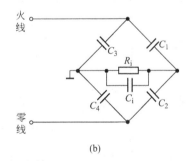

(b)

图 6-5-11　示波器输入端开路分析

了解这一点也使我们懂得为什么毫伏表使用完毕必须将衰减旋钮置大衰减位置，因为如果置于小衰减位置，一开机，即使毫伏表输入端开路干扰也会使指针出现打表现象。

附　录

附录 A　常用电子元器件图形符号

名　称	图形符号	名　称	图形符号	名　称	图形符号	名　称	图形符号
电阻器		极性电容器		变容二极管		自耦变压器	
可变电阻器		穿心电容器		普通晶闸管		放大器	
压敏电阻器		可变电容器		双向晶闸管		运算放大器	
热敏电阻器		双联同调可变电容器		PNP 型半导体管		光电池	
光敏电阻		微调电容器		NPN 型半导体管		熔断器一般符号	
滑动触点电位器		半导体二极管		PNP 型光电半导体管		电喇叭	
滑线式变阻器		隧道二极管		达林顿管		电铃	
预调电位器		单向击穿二极管		桥式全波整流器		蜂鸣器	
电容器一般符号		光电二极管		双绕组变压器			

附录 B 常用晶体管参数

一、二极管

1. 几种常用的整流二极管

原型号	新型号	最高反向峰值电压 U_{RM}/V	额定正向整流电流 I_F/A	正向电压降 U_F/V	反向漏电流（平均值）I_R/μA		不重复正向浪涌电流 I_{FSM}/A	频率 f/kHz	额定结温 T_{Jm}/℃	备注
	2CZ84A~2CZ84X	25~3000	0.5	≤1.0	≤10 (25℃)	500 (100℃)	10	3	130	
2CZ11	2CZ55A~2CZ55X	25~3000	1	≤1.0	10 (25℃)	500 (100℃)	20	3	150	
	2CZ85A~2CZ85X	25~3000	1	≤1.0	10 (25℃)	500 (100℃)	20	3	130	塑料封装
2CZ12	2CZ56A~2CZ56X	25~3000	3	≤0.8	10 (25℃)	1000 (140℃)	65	3	140	
	2CZ57A~2CZ57X	25~3000	5	≤0.8	10 (25℃)	1000 (140℃)	100	3	140	
测试条件			25℃	25℃	0.01s					

2. 几种常用的组合整流器（整流桥堆）

型号	最高反压 U_{RM}/V	额定整流电流 I_F/A	最大正向压降 U_F/V	浪涌电流 I_{FSM}/A	最高结温 T_{Jm}/℃	外形
QL25D	200	0.5	1.2	10	130	D55
XQL005C	200	0.5	1.2	3	125	D58
3QL25-5D	200	1	0.65		130	D165-2
QL-26D	200	1	0.65	20	130	D55-45
QLG-26D	200	1	1.2	20	130	D55-45
3QL27-5D	200	2	0.65		130	D165-2
QL27-D	200	2	1.2	40	130	
QL026C	200	2.6	1.3	200	125	D51-4
QL028D	200	3	1.2	60	130	D55
QSZ3A	200	3	0.8	200	175	
QL040C	200	4	1.3	200	125	D51-4
QL9D	200	5	1.2	80	130	D168
QL100C	200	10	1.2	200	125	D55-44

3. 2CW50～2CW62 硅稳压二极管

原型号	新型号	最大耗散功率 P_{ZM}/V	最大工作电流 I_{ZM}/mA	额定电压 U_Z/V	动态电阻 R_Z/Ω	I_Z/mA	反向漏电流 I_R/μA	正向压降 U_F/V	电压温度系数 α_V 10^{-4}/℃	外形
2CW9	2CW50	0.25	33	1～2.8	≤50	10	≤10	≤1	≤−9	
2CW10	2CW51	0.25	71	2.5～3.5	≤60	10	≤5	≤1	≤−9	
2CW11	2CW52	0.25	55	3.2～4.5	≤70	10	≤2	≤1	≤−8	
2CW12	2CW53	0.25	41	4～5.8	≤50	10	≤1	≤1	−6～4	
2CW13	2CW54	0.25	38	5.5～6.5	≤30	10	≤0.5	≤1	−3～5	
2CW14	2CW55	0.25	33	6.2～7.5	≤15	10	≤0.5	≤1	≤6	
2CW15	2CW56	0.25	27	7～8.8	≤15	10	≤0.5	≤1	≤7	
2CW16	2CW57	0.25	26	8.5～9.5	≤20	5	≤0.5	≤1	≤8	
2CW17	2CW58	0.25	23	9.2～10.5	≤25	5	≤0.5	≤1	≤8	
2CW18	2CW59	0.25	20	10～11.8	≤30	5	≤0.5	≤1	≤9	
2CW19	2CW60	0.25	19	11.5～12.5	≤40	5	≤0.5	≤1	≤9	
2CW19	2CW61	0.25	16	12.2～14	≤50	3	≤0.5	≤1	≤9.5	
2CW20	2CW62	0.25	14	13.5～17	≤60	3	≤0.5	≤1	≤9.5	

4. 2DW7 硅稳压二极管

原型号	新型号	最大耗散功率 P_{ZM}/V	最大工作电流 I_{ZM}/mA	额定电压 U_Z/V	动态电阻 R_Z/Ω	I_Z/mA	反向漏电流 I_R/μA	电压温度系数 α_V 10^{-4}/℃	外形
2DW7A	2DW7	0.2	30	5.8～6.0	≤25	10	≤1	≤|50|	
2DW7B	2DW7	0.2	30	5.8～6.0	≤25	10	≤1	≤|50|	
2DW7C	2DW7	0.2	30	6.0～6.5	≤25	10	≤1	≤|50|	
2DW8A		0.2	30	5～6	≤25	10	≤1	≤|8|	
2DW8B		0.2	30	5～6	≤25	10	≤1	≤|8|	
2DW8C		0.2	30	5～6	≤25	10	≤1	≤|8|	
测试条件				$I_Z=I_R$	$U_R=1V$	$I_Z=10mA$			

二、三极管

1. 3BX31 型 NPN 锗低频小功率三极管

	型号	3BX31	3BX31	3BX31	3BX31	测试条件
极限参数	P_{CM}/mW	125	125	125	125	$T_a=25℃$
	I_{CM}/mA	125	125	125	125	
	T_{Jm}/℃	75	75	75	75	
	$U_{(BR)CBO}$/V	−15	−20	−30	−40	$I_C=1mA$
	$U_{(BR)CEO}$/V	−6	−12	−18	−24	$I_C=2mA$
	$U_{(BR)EBO}$/V	−6	−10	−10	−10	$I_C=1mA$

	型号	3BX31	3BX31	3BX31	3BX31	测试条件
直流参数	$I_{CBO}/\mu A$	≤25	≤20	≤12	≤6	$U_{CB}=6V$
	$I_{CEO}/\mu A$	≤1000	≤800	≤600	≤400	$U_{CE}=6V$
	$I_{EBO}/\mu A$	≤25	≤20	≤12	≤6	$U_{EB}=6V$
	$U_{BE(sat)}/V$	≤0.65	≤0.65	≤0.65	≤0.65	$U_{CE}=6V,I_C=100mA$
	$U_{CE(sat)}/V$	≤25	≤25	≤25	≤25	$U_{CE}=U_{BE},U_{CB}=0,I_C=125mA$
	h_{FE}	80～400	40～180	40～180	40～180	$U_{CE}=6V,I_C=100mA$
交流参数	f_{HFE}/kHz	—	—	≥8	$f_{HFE}≥465$	$U_{CB}=1V,I_E=10mA$
h_{FE} 色标分挡		（黄）40～55（绿）55～80（蓝）80～120（紫）120～180（灰）180～270（白）270～400				
管脚						

2. 3AX31 型 PNP 锗低频小功率三极管

	原型号	3AX31				测试条件
	新型号	3AX51A	3AX51B	3AX51C	3AX51D	
极限参数	P_{CM}/mW	100	100	100	100	$T_a=25℃$
	I_{CM}/mA	100	100	100	100	
	$T_{Jm}/℃$	75	75	75	75	
	$U_{(BR)CBO}/V$	≥30	≥30	≥30	≥30	$I_C=1mA$
	$U_{(BR)CEO}/V$	≥12	≥12	≥18	≥24	$I_g=1mA$
直流参数	$I_{CBO}/\mu A$	≤25	≤20	≤12	≤6	$U_{CB}=-10V$
	$I_{CEO}/\mu A$	≤1000	≤800	≤600	≤400	$U_{CE}=-6V$
	$I_{EBO}/\mu A$	≤25	≤20	≤12	≤6	$U_{EB}=-6V$
	h_{FE}	80～400	40～180	40～180	40～180	$U_{CE}=-1V,I_C=50mA$
交流参数	f_{hfb}/kHz	≥500	≥500	≥500	≥500	$U_{CB}=-6V,I_C=50mA$
	F_n/dB	—	≤8	—	—	$U_{CB}=-2V,I_E=0.5mA,f=1kHz$
	$F_{ic}/k\Omega$	0.6～4.5	0.6～4.5	0.6～4.5	0.6～4.5	
	$h_{rc}(\times10^{-3})$	≤2.2	≤2.2	≤2.2	≤2.2	$U_{CB}=-6V,I_E=1mA,f=1kHz$
	h_{oc}	≤80	≤80	≤80	≤80	
	f_{fc}	—	—	—	—	
h_{FE} 色标分挡		（红）25～60（绿）50～100（蓝）90～150				
管脚						

3. 3DG100（3DG6）NPN 硅高频小功率管

	原型号	3DG6				测试条件
	新型号	3DG100A	3DG100B	3DG100C	3DG100D	
极限参数	P_{CM}/mW	100	100	100	100	
	I_{CM}/mA	20	20	20	20	
	$U_{(BR)CBO}/V$	≥30	≥40	≥30	≥40	$I_C=100\mu A$
	$U_{(BR)CEO}/V$	≥20	≥30	≥20	≥30	$I_C=100\mu A$
	$U_{(BR)EBO}/V$	≥4	≥4	≥4	≥4	$I_R=100\mu A$

附录 C　常用集成运算放大器主要参数

型号	电源电压 (U_S) 单位 V	电源电流 (I_S) 单位 mA	输入电阻 (R_{IN}) 单位 GΩ	增益带积宽 (GBW) 单位 MHz	输入失调电压 (U_{0S}) 单位 mV	共模抑制比 ($CMRR$) 单位 dB	转换速率 (SR) 单位 V/μs	类型
LF353	±18	3.6	10^3	4	13	100	13	双电路,输入通用型
LF351	±18	1.8	10^3	4	13	100	13	通用,BI-FET 输入型
LF356	±18	5	10^3	5	13	100	12	BI-FET,宽频带型
LM318	±18	5	0.003	15	15	100	70	高精度,高速型
LM358	32	0.7			±9	70		双电路,单电源,通用型
TL082	±18	1.4	10^3		7.5	86	13	通用 JFET 输入型
NE5532	±22	8	0.0003	10	5	100	9	双电路,低噪声型
TL072	±18	1.4	10^3	3	5	86	13	低噪声 JFET 输入型
NE5534	±22	10	0.0001	10	5	100	13	低噪声型
CA3193	±18	2.3		1.2	0.275	110	0.25	高精度,BIMOS 高速型
MC1458	±18	2.3	0.002		2.0	90	0.5	双电路,单电源,通用型
TL062	±18	0.2	10^3		5	86	3.5	低功耗 JFET 输入型
μA741	±18	1.7	0.002	0.3	7.5	90	0.5	通用型
CA3140	36	4	1500	4.5	5	90	9	高性能,BIMOS 型
LM324	32	0.7			±9	70		四电路单电源型
TL084	±18	1.4	10^3	3	10	86	13	通用 JFET 输入型
TL074	±18	1.4	10^3	3	10	86	13	低噪声 JFET 输入型

附录 D　常用数字集成电路型号及引脚

　　目前常用的数字集成电路多为双列直插式封装,其引脚数有 8、14、16、20、28 等多种。引脚号码由集成电路顶视图键孔下端起始,按逆时针方向顺序递增。作为具体例子,集成电路 TTL74LS00（四 2 输入与非门）的引脚图如附图 A 所示。

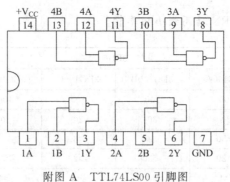

附图 A　TTL74LS00 引脚图

现在应用面最广、数量最大的数字集成电路是 TTL 电路和 CMOS 电路，由于功能、工艺和生产国及厂家的不同，它们又各自分为几个系列，比较常用的有 74（国产型号为 74LS×××）系列的 TTL 电路和 4000（国产型号为 CC40×××）系列的 CMOS 电路，为了使用方便，附表 A 列出了部分常用数字集成电路名称、型号及引脚图。为简便起见，图中只给出了 TTL 电路引脚图。引脚图中字母 A、B、C、D、I 为输入端，E、G 为使能端，Y、Q 为输出端。V_{CC} 为电源，GND 为地，字母上的非号表示低电平有效。

附表 A 常用数字集成电路型号及引脚

集成电路名称及型号	引脚图	备注
四 2 输入与非门 74LS00	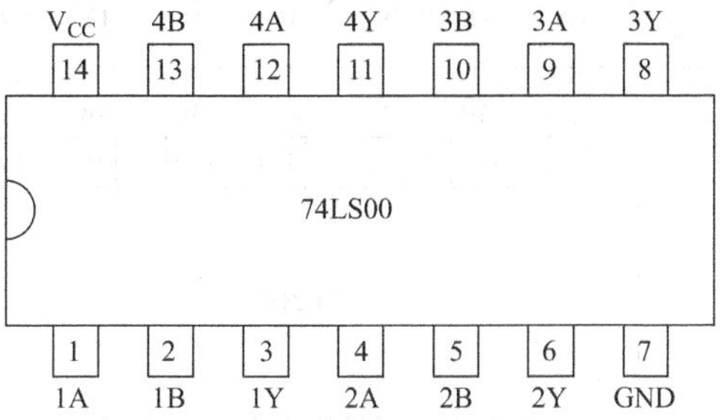 上排引脚：14 V_{CC}、13 4B、12 4A、11 4Y、10 3B、9 3A、8 3Y；芯片标识 74LS00；下排引脚：1 1A、2 1B、3 1Y、4 2A、5 2B、6 2Y、7 GND	CC4011 功能相同
四 2 输入或非门 74LS02	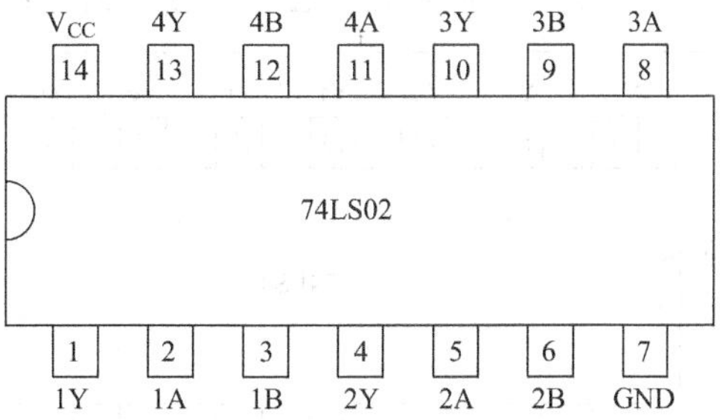 上排引脚：14 V_{CC}、13 4Y、12 4B、11 4A、10 3Y、9 3B、8 3A；芯片标识 74LS02；下排引脚：1 1Y、2 1A、3 1B、4 2Y、5 2A、6 2B、7 GND	CC4001 功能相同
六反相器 74LS04	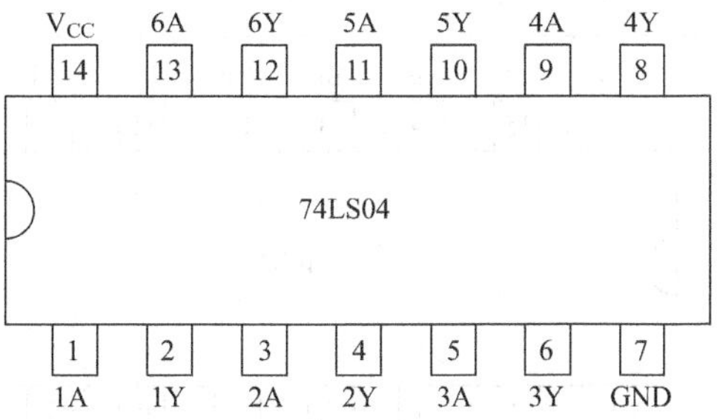 上排引脚：14 V_{CC}、13 6A、12 6Y、11 5A、10 5Y、9 4A、8 4Y；芯片标识 74LS04；下排引脚：1 1A、2 1Y、3 2A、4 2Y、5 3A、6 3Y、7 GND	CC4069 功能相同
四 2 输入与门 74LS08	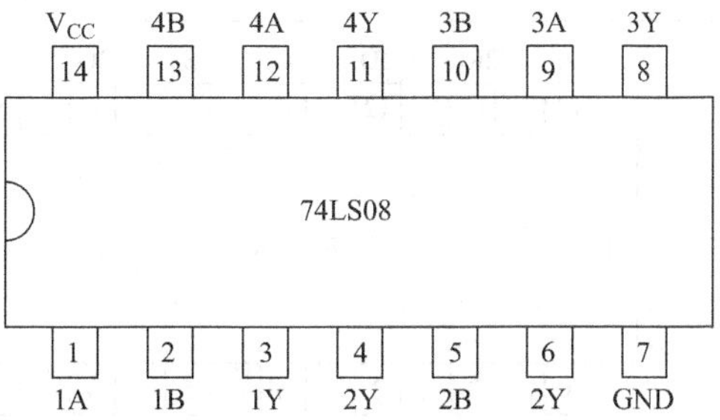 上排引脚：14 V_{CC}、13 4B、12 4A、11 4Y、10 3B、9 3A、8 3Y；芯片标识 74LS08；下排引脚：1 1A、2 1B、3 1Y、4 2Y、5 2B、6 2Y、7 GND	CC4081 功能相同

集成电路名称及型号	引脚图	备注
双 4 输入与非门 74LS20	V_{CC}(14) 2D(13) 2C(12) NC(11) 2B(10) 2A(9) 2Y(8) 74LS20 1A(1) 1B(2) NC(3) 1C(4) 1D(5) 1Y(6) GND(7)	CC4012 功能相同
四 2 输入或门 74LS32	V_{CC}(14) 4B(13) 4A(12) 4Y(11) 3B(10) 3A(9) 3Y(8) 74LS32 1A(1) 1B(2) 1Y(3) 2A(4) 2B(5) 2Y(6) GND(7)	CC4071 功能相同
七段译码器 74LS47 （驱动共阳数码管）	V_{CC}(16) $\overline{Yf}$(15) $\overline{Yg}$(14) $\overline{Ya}$(13) $\overline{Yb}$(12) $\overline{Yc}$(11) $\overline{Yd}$(10) $\overline{Ye}$(9) 74LS47 A_1(1) A_2(2) $\overline{LT}$(3) $\overline{BI/RB0}$(4) $\overline{RBI}$(5) A_3(6) A_0(7) GND(8)	$\overline{LT}$ 为试灯输入 $\overline{RBI}$ 为灭零输入 $\overline{BI/RBO}$ 为消 隐输入输出
七段译码器 74LS48 （驱动共阴数码管）	V_{CC}(16) Yf(15) Yg(14) Ya(13) Yb(12) Yc(11) Yd(10) Ye(9) 74LS48 A_1(1) A_2(2) $\overline{LT}$(3) $\overline{BI/RB0}$(4) $\overline{RBI}$(5) A_3(6) A_0(7) GND(8)	$\overline{LT}$ 为试灯输入 $\overline{RBI}$ 为灭零输入 $\overline{BI/RBO}$ 为消 隐输入输出
双 D 触发器 74LS74	V_{CC}(14) $2\overline{R}_D$(13) 2D(12) 2CP(11) $2\overline{S}_D$(10) 2Q(9) $2\overline{Q}$(8) 74LS74 $1\overline{R}_D$(1) 1D(2) 1CP(3) $1\overline{S}_D$(4) 1Q(5) $1\overline{Q}$(6) GND(7)	CC4013 功能相同

集成电路名称及型号	引脚图	备注
四位数字比较器 74LS85	V_{CC}(16) A_3(15) B_2(14) A_2(13) A_1(12) B_1(11) A_0(10) B_0(9) **74LS85** (1)A_3 (2)$A'<B'$ (3)$A'=B'$ (4)$A'>B'$ (5)$A>B$ (6)$A'=B'$ (7)$A<B$ (8)GND	CC4585 功能相同
四 2 输入异或门 74LS86	V_{CC}(14) 4B(13) 4A(12) 4Y(11) 3B(10) 3A(9) 3Y(8) **74LS86** (1)1A (2)1B (3)1Y (4)2A (5)2B (6)2Y (7)GND	CC4070 功能相同
双 J-K 触发器 74LS112	V_{CC}(16) $1\overline{R}_D$(15) $2\overline{R}_D$(14) 2CP(13) 2K(12) 2J(11) $2\overline{S}_D$(10) 2Q(9) **74LS112** (1)1CP (2)1K (3)1J (4)$1\overline{S}_D$ (5)1Q (6)$1\overline{Q}$ (7)$2\overline{Q}$ (8)GND	—
3-8 线译码器 74LS138	V_{CC}(16) $\overline{Y}_0$(15) $\overline{Y}_1$(14) $\overline{Y}_2$(13) $\overline{Y}_3$(12) $\overline{Y}_4$(11) $\overline{Y}_5$(10) $\overline{Y}_6$(9) **74LS138** (1)A_0 (2)A_1 (3)A_2 (4)$\overline{ST}_B$ (5)$\overline{ST}_C$ (6)ST_A (7)$\overline{Y}_7$ (8)GND	—
双 2-4 线译码器 74LS139	V_{CC}(16) $2\overline{G}$(15) $2A_0$(14) $2A_1$(13) $2\overline{Y}_0$(12) $2\overline{Y}_1$(11) $2\overline{Y}_2$(10) $2\overline{Y}_3$(9) **74LS139** (1)$1\overline{G}$ (2)$1A_0$ (3)$1A_1$ (4)$1\overline{Y}_0$ (5)$1\overline{Y}_1$ (6)$1\overline{Y}_2$ (7)$1\overline{Y}_3$ (8)GND	CC4556 功能相同

集成电路名称及型号	引脚图	备注
8-3 线优先编码器 74LS148	上排：V_{CC}(16) E_0(15) G_S(14) I_3(13) I_2(12) I_1(11) I_0(10) A_0(9)　74LS148　下排：(1)I_4 (2)I_5 (3)I_6 (4)I_7 (5)E_1 (6)A_2 (7)A_1 (8)GND	CC4532 功能相同
8 选 1 数据选择器 74LS151	上排：V_{CC}(16) D_4(15) D_5(14) D_6(13) D_7(12) A_0(11) A_1(10) A_2(9)　74LS151　下排：(1)D_3 (2)D_2 (3)D_1 (4)D_0 (5)Y (6)$\overline{Y}$ (7)$\overline{E}$ (8)GND	—
双 4 选 1 数据选择器 74LS153	上排：V_{CC}(16) $2\overline{G}$(15) A(14) $2D_3$(13) $2D_2$(12) $2D_1$(11) $2D_0$(10) $2Y$(9)　74LS153　下排：(1)$1\overline{G}$ (2)B (3)$1D_3$ (4)$1D_2$ (5)$1D_1$ (6)$1D_0$ (7)$1Y$ (8)GND	CC4539 功能相同
同步十进制计数器 74LS160 同步四位二进制计数器 74LS161	上排：V_{CC}(16) C_o(15) Q_A(14) Q_B(13) Q_C(12) Q_D(11) E_T(10) $\overline{LD}$(9)　74LS160　下排：(1)$\overline{R}_D$ (2)CP (3)A (4)B (5)C (6)D (7)E_P (8)GND	—
8 位移位寄存器（串入并出） 74LS164	上排：V_{CC}(14) QH(13) QG(12) QF(11) QE(10) $\overline{R}_D$(9) CP(8)　74LS164　下排：(1)A (2)B (3)QA (4)QB (5)QC (6)QD (7)GND　串行输入	—

集成电路名称及型号	引脚图	备注
四位双向移动移位寄存器 74LS194	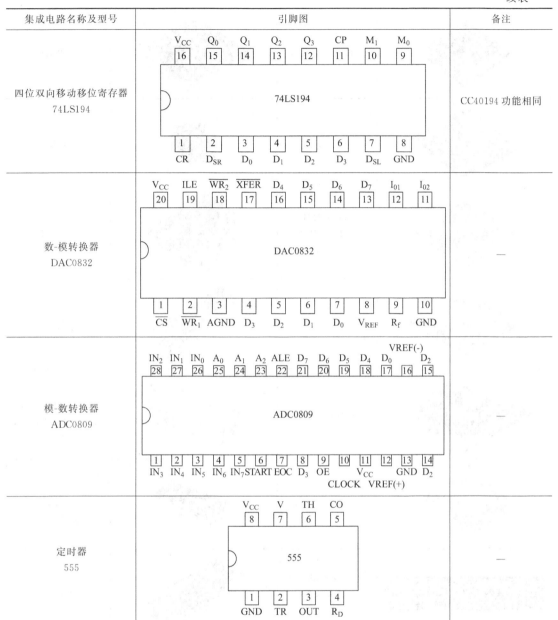	CC40194功能相同
数-模转换器 DAC0832		—
模-数转换器 ADC0809		
定时器 555		—

附录 E　常用 IC 封装形式

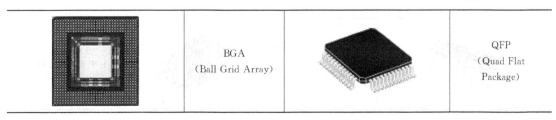

续表

	EBGA 680L		TQFP 100L
	LBGA 160L		SBGA
	PBGA 217L (Plastic Ball Grid Array)		SC-70 5L
	SBGA 192L		SDIP
	TSBGA 680L		SIP (Single Inline Package)
	CLCC		SO (Small Outline Package)
	CNR (Communication and Networking Riser Specification Revision 1. 2)		SOJ 32L
	CPGA (Ceramic Pin Grid Array)		SOJ
	DIP (Dual Inline Package)		SOP EIAJ TYPE Ⅱ14L

	DIP-tab (Dual Inline Package with Metal Heatsink)	STO-220	SOT220
FBGA	FBGA		SSOP 16L
	FDIP		SSOP
	FTO220		TO18
	Flat Pack		TO220
	HSOP28		TO247
	ITO220		TO264
	ITO3P		TO3
	JLCC		TO5

	LCC		TO52
	LDCC		TO71
	LGA		TO72
	LQFP		TO78
24 1	PCDIP		TO8
	PGA (Plastic Pin Grid Array)		TO92
	PLCC		TO93
	PQFP		TO99

	PSDIP		TSOP (Thin Small Outline Package)
	LQFP 100L		TSSOP or TSOP II (Thin Shrink Outline Package)
	METAL QUAD 100L		uBGA (Micro Ball Grid Array)
	PQFP 100L		uBGA (Micro Ball Grid Array)
	QFP (Quad Flat Package)		ZIP (Zig-Zag Inline Package)
	SOT143		BQFP132
	SOT223		C-Bend Lead
	SOT223		CERQUAD (Ceramic Quad Flat Pack)

	SOT23		Ceramic Case
	SOT23/SOT323		LAMINATE CSP 112L (Chip Scale Package)
	SOT25/SOT353		Gull Wing Leads
	SOT26/SOT363		LLP 8La
	SOT343		PCI 32bit 5V (Peripheral Component Interconnect)
	SOT523		PCI 64bit 3.3V (Peripheral Component Interconnect)
	SOT89		PCMCIA
	SOT89	24 1	PDIP
	Socket 603 Foster		PLCC

	LAMINATE TCSP 20L (Chip Scale Package)		SIMM30 (Single In-line Memory Module)
	TO252		SIMM72 (Single In-line Memory Module)
	TO263/TO268	ICP 32MB 50ns EDO	SIMM72 (Single In-line Memory Module)
	SO DIMM (Small Outline Dual In-line Memory Module)		SNAPTK
	SOCKET 423 (For intel 423 pin PGA Pentium 4 CPU)		SNAPTK
	SOCKET 462/SOCKET A For PGA AMD Athlon &. Duron CPU		SNAPZP
	SOCKET 7 For intel Pentium &. MMX Pentium CPU		SOH

附录 F　电量符号说明

A	放大倍数	V_r	二极管、三极管的阈值电压
V	电压	V_z	稳压管的稳定电压
V_s	信号源电压	α	(半导体三极管共基极接法电流放大系数)
V_i	输入电压	β	(半导体三极管共射极接法电流放大系数)
V_o	输出电压	γ	稳压系数

η	效率	b	三极管的基极
θ	整流元件的导电角	C	电容
ρ	直接耦合放大器的共模抑制比	C_b	隔直电容（偶合电容）
τ	时间常数	C_e	发射极旁路电容
ϕ	相角	C_i	输入电容
Ω	电阻的单位（欧姆）	C_o	输出电容
C	CP进数位、触发器的时钟脉冲	C_l	负载电容
G	逻辑门	C	半导体三极管的集电极
Q	触发器的输出端	D	二极管
R	触发器的置0端	E	直流电源电压
S	触发器的置1端	E_c	集电极电源电压
t_d	延迟时间	E_E	发射极电源电压
t_f	下降时间	E	半导体三极管的发射极
t_r	上升时间	F	反馈系数、触发器
t_s	存储时间	F_V	电压反馈系数
t_{orl}	开通时间	f	频率
t_{off}	关闭时间	f_L	放大器的下限频率
t_{re}	恢复时间	f_H	放大器的上限频率
t_{set}	建立时间	I	电流
t_H	维持时间	I_s	信号源电流
V_{OH}	输出高电平	I_i	输入电流
V_{OL}	输出低电平	I_o	输出电流
V_{ON}	开门电平	R	电阻
V_{OFF}	关门电平	R_b	半导体三极管的基极电阻
V_{CES}	三极管的饱和压降	R_c	半导体三极管的集电极电阻
V_{CEO}	三极管的截止电压	R_e	半导体三极管的发射极电阻
r_i	放大器的输入电阻	R_s	信号源电阻
S	开关	R_L	负载电阻
a	整流元件的阳极（正极）	R_W	电位器
A_f	反馈放大器的放大倍数	r_{be}	半导体三极管的输入电阻
A_V	放大器空载时的开环电压放大倍数	r_{ce}	半导体三极管的输出电阻
A_L	放大器带负载时开环电压放大倍数	r_o	放大器的输出电阻
A_{Vf}	放大器带反馈时闭环电压放大倍数		

参考文献

[1] 安兵菊.电子技术实验与课程设计.北京：中国电力出版社，2015.

[2] 郭永新.电子学实验教程.北京：清华大学出版社，2011.

[3] 何俊.电子技术基础实验与实训.北京：科学出版社，2015.

[4] 阚洪亮.电子技术实验教程.北京：人民邮电出版社，2014.

[5] 李玉峰.电子技术基础实验.长春：吉林科学技术出版社，2005.

[6] 廉玉欣.电子技术基础实验教程.北京：机械工业出版社，2013.

[7] 路明礼.电子技术实验指导.西安：西安电子科技大学出版社，2016.

[8] 司朝良.电子技术实验教程.北京：北京大学出版社，2014.

[9] 舒英利.电子工艺与电子产品制作.北京：中国水利水电出版社，2015.

[10] 王新贤.通用集成电路速查手册.济南：山东科学技术出版社，2006.

[11] 童诗白.模拟电子技术基础.北京：高等教育出版社，2015.

[12] 阎石.数字电子技术基础.北京：高等教育出版社，2014.